U0167503

住房城乡建设部科学技术计划 /
北京建筑大学未来城市设计高精尖创新中心开放课题资助项目

新型建造方式与工程项目管理创新丛书　分册 12

绿色建造
与资源循环利用

尤　完　郭中华　王祥云　董　爱　著

中国建筑工业出版社

图书在版编目（CIP）数据

绿色建造与资源循环利用 / 尤完等著．—北京：
中国建筑工业出版社，2023.6
（新型建造方式与工程项目管理创新丛书；分册 12）
ISBN 978-7-112-28880-9

Ⅰ.①绿…　Ⅱ.①尤…　Ⅲ.①生态建筑—建筑工程
Ⅳ.① TU-023

中国国家版本馆 CIP 数据核字（2023）第 120639 号

责任编辑：宋　凯
责任校对：赵　菲

新型建造方式与工程项目管理创新丛书　分册 12
绿色建造与资源循环利用
尤　完　郭中华　王祥云　董　爱　著
*
中国建筑工业出版社出版、发行（北京海淀三里河路 9 号）
各地新华书店、建筑书店经销
北京建筑工业印刷厂制版
北京富诚彩色印刷有限公司印刷
*
开本：787 毫米×1092 毫米　1/16　印张：11　字数：200 千字
2023 年 7 月第一版　　2023 年 7 月第一次印刷
定价：**49.00** 元
ISBN 978-7-112-28880-9
（40962）
版权所有　翻印必究
如有内容及印装质量问题，请联系本社读者服务中心退换
电话：（010）58337283　QQ：2885381756
（地址：北京海淀三里河路 9 号中国建筑工业出版社 604 室　邮政编码：100037）

课题研究及丛书编写指导委员会

顾　问：毛如柏　第十届全国人大环境与资源保护委员会主任委员

　　　　孙永福　原铁道部常务副部长、中国工程院院士

主　任：张基尧　国务院原南水北调工程建设委员会办公室主任

　　　　孙丽丽　中国工程院院士、北京市科学技术协会副主席

副主任：叶金福　西北工业大学原党委书记

　　　　顾祥林　同济大学副校长、教授

　　　　王少鹏　山东科技大学副校长

　　　　刘锦章　中国建筑业协会副会长兼秘书长

委　员：校荣春　中国建筑第八工程局有限公司原董事长

　　　　田卫国　中国建筑第五工程局有限公司党委书记、董事长

　　　　张义光　陕西建工控股集团有限公司党委书记、董事长

　　　　王　宏　中建科工集团有限公司党委书记、董事长

　　　　王曙平　中国水利水电第十四工程局有限公司党委书记、董事长

　　　　张晋勋　北京城建集团有限公司副总经理

　　　　宫长义　中亿丰建设集团有限公司党委书记、董事长

　　　　韩　平　兴泰建设集团有限公司党委书记、董事长

　　　　高兴文　河南国基建设集团公司董事长

　　　　李兰贞　天一建设集团有限公司总裁

　　　　袁正刚　广联达科技股份有限公司董事长、总裁

　　　　韩爱生　新中大科技股份有限公司总裁

　　　　宋　蕊　瑞和安惠项目管理集团董事局主席

　　　　李玉林　陕西省工程质量监督站二级教授

周金虎　宏盛建业投资集团有限公司董事长
杜　锐　山西四建集团有限公司董事长
笪鸿鹄　江苏苏中建设集团董事长
葛汉明　华新建工集团有限公司副董事长
吕树宝　正方圆建设集团董事长
沈世祥　江苏江中集团有限公司总工程师
李云岱　兴润建设集团有限公司董事长
钱福培　西北工业大学教授
王守清　清华大学教授
成　虎　东南大学教授
王要武　哈尔滨工业大学教授
刘伊生　北京交通大学教授
丁荣贵　山东大学教授
肖建庄　同济大学教授

课题研究及丛书编写委员会

主　任： 肖绪文　中国工程院院士、中国建筑集团首席专家
吴　涛　中国建筑业协会原副会长兼秘书长、山东科技大学特聘教授
副主任： 贾宏俊　山东科技大学泰安校区副主任、教授
尤　完　北京工程管理科学学会副理事长、中建协建筑业高质量发展研究院副院长、北京建筑大学教授
白思俊　中国（双法）项目管理研究委员会副主任、西北工业大学教授
李永明　中国建筑第八工程局有限公司党委书记、董事长
委　员： 赵正嘉　南京市住房城乡和建设委员会原副主任

徐　坤　中建科工集团有限公司总工程师

刘明生　陕西建工控股集团有限公司党委常委、董事

王海云　黑龙江建工集团公司顾问总工程师

王永锋　中国建筑第五工程局华南公司总经理

张宝海　中石化工程建设有限公司EPC项目总监

李国建　中亿丰建设集团有限公司总工程师

张党国　陕西建工集团创新港项目部总经理

苗林庆　北京城建建设工程有限公司党委书记、董事长

何　丹　宏盛建业投资集团公司总工程师

李继军　山西四建集团有限公司副总裁

陈　杰　天一建设集团有限公司副总工程师

钱　红　江苏苏中建设集团总工程师

蒋金生　浙江中天建设集团总工程师

安占法　河北建工集团总工程师

李　洪　重庆建工集团副总工程师

黄友保　安徽水安建设公司总经理

卢昱杰　同济大学土木工程学院教授

吴新华　山东科技大学工程造价研究所所长

课题研究与丛书编写委员会办公室

主　任：贾宏俊　尤　完

副主任：郭中华　李志国　邓　阳　李　琰

成　员：朱　彤　王丽丽　袁金铭　吴德全

丛书总序

2021年是中国共产党成立100周年，也是“十四五”期间全面建设社会主义现代化国家新征程开局之年。在这个具有重大历史意义的年份，我们又迎来了国务院五部委提出在建筑业学习推广鲁布革工程管理经验进行施工企业管理体制改革35周年。

为进一步总结、巩固、深化、提升中国建设工程项目管理改革、发展、创新的先进经验和做法，按照党和国家统筹推进“五位一体”总体布局，协调推进“四个全面”战略布局，全面实现中华民族伟大复兴“两个一百年”奋斗目标，加快建设工程项目管理资本化、信息化、集约化、标准化、规范化、国际化，促进新阶段建筑业高质量发展，以适应当今世界百年未有之大变局和国内国际双循环相互促进的新发展格局，积极践行“一带一路”建设，充分彰显建筑业在经济社会发展中的基础性作用和当代高科技、高质量、高动能的“中国建造”实力，努力开创我国建筑业无愧于历史和新时代新的辉煌业绩。由山东科技大学、中国亚洲经济发展协会建筑产业委员会、中国（双法）项目管理研究专家委员会发起，会同中国建筑第八工程局有限公司、中国建筑第五工程局有限公司、中建科工集团有限公司、陕西建工集团有限公司、北京城建建设工程有限公司、天一投资控股集团有限公司、河南国基建设集团有限公司、山西四建集团有限公司、广联达科技股份有限公司、瑞和安惠项目管理集团公司、苏中建设集团有限公司、江中建设集团有限公司等三十多家企业和西北工业大学、中国科学院大学、同济大学、北京建筑大学等数十所高校联合组织成立了《中国建设工程项目管理发展与治理体系创新研究》课题研究组和《新型建造方式与工程项目管理创新丛书》编写委员会，组织行业内权威专家学者进行该课题研究和撰写重大工程建造实践案例，以此有效引领建筑业绿色可持续发展和工程建设领域相关企业和不同项目管理模式的创新发展，着力推动新发展阶段建筑业转变发展方式与工程项目管理的优化升级，以实际行动和优秀成果庆祝中国共产党成立100周年。我有幸被邀请作为本课题研究指导委员会主任委员，很高兴和大家一起分享了课题研究过程，颇有一些感受和收获。该课题研究注重学习追踪和吸收国内外业内专家学者研究的先进理念和做法，归纳、总结我国重大工程建设的成功经验和国际工程的建设管理成果，坚持在研究中发现问题，在化解问题中深化研究，体现了课题团队深入思考、合作协力、用心研究的进取意识和奉献精神。课题研究内容既全面深入，又有理论与实践相结合，其实效性与指导性均十分显著。

一是坚持以习近平新时代中国特色社会主义思想为指导，准确把握新发展阶段这个战略机遇期，深入贯彻落实创新、协调、绿色、开放、共享的新发展理念，立足于构建以国内大循环为主题、国内国际双循环相互促进的经济发展势态和新发展格局，研究提出工程项目管理保持定力、与时俱进、理论凝练、引领发展的治理体系和创新模式。

二是围绕“中国建设工程项目管理创新发展与治理体系现代化建设”这个主题，传承历史、总结过去、立足当代、谋划未来。突出反映了党的十八大以来，我国建筑业及工程建设领域改革发展和践行“一带一路”国际工程建设中项目管理创新的新理论、新方法、新经验。重点总结提升、研究探讨项目治理体系现代化建设的新思路、新内涵、新特征、新架构。

三是回答面向“十四五”期间向第二个百年奋斗目标进军的第一个五年，建筑业如何应对当前纷繁复杂的国际形势、全球蔓延的新冠肺炎疫情带来的严峻挑战和激烈竞争的国内外建筑市场，抢抓新一轮科技革命和产业变革的重要战略机遇期，大力推进工程承包，深化项目管理模式创新，发展和运用装配式建筑、绿色建造、智能建造、数字建造等新型建造方式提升项目生产力水平，多方面、全方位推进和实现新阶段高质量绿色可持续发展。

四是在系统总结提炼推广鲁布革工程管理经验35年，特别是党的十八大以来，我国建设工程项目管理创新发展的宝贵经验基础上，从服务、引领、指导、实施等方面谋划基于国家治理体系现代化的大背景下“行业治理—企业治理—项目治理”多维度的治理现代化体系建设，为新发展阶段建设工程项目管理理论研究与实践应用创新及建筑业高质量发展提出了具有针对性、实用性、创造性、前瞻性的合理化建议。

本课题研究的主要内容已入选住房和城乡建设部2021年度重点软科学题库，并以撰写系列丛书出版发行的形式，从十多个方面诠释了课题全部内容。我认为，该研究成果有助于建筑业在全面建设社会主义现代化国家的新征程中立足新发展阶段，贯彻新发展理念，构建新发展格局，完善现代产业体系，进一步深化和创新工程项目管理理论研究和实践应用，实现供给侧结构性改革的质量变革、效率变革、动力变革，对新时代建筑业推进产业现代化、全面完成“十四五”规划各项任务，具有创新性、现实性的重大而深远的意义。

真诚希望该课题研究成果和系列丛书的撰写发行，能够为建筑业企业从事项目管理的工作者和相关企业的广大读者提供有益的借鉴与参考。

张基尧

二〇二一年六月十二日

张基尧

中共第十七届中央候补委员，第十二届全国政协常委，人口资源环境委员会副主任

国务院原南水北调工程建设委员会办公室主任，党组书记（正部级）

曾担任鲁布革水电站和小浪底水利枢纽、南水北调等工程项目总指挥

丛书前言

改革开放40多年来，我国建筑业持续快速发展。1987年，国务院号召建筑业学习鲁布革工程管理经验，开启了建筑工程项目管理体制和运行机制的全方位变革，促进了建筑业总量规模的持续高速增长。尤其是党的十八大以来，在以习近平同志为核心的党中央坚强领导下，全国建设系统认真贯彻落实党中央“五位一体”总体布局和“四个全面”的战略布局，住房城乡建设事业蓬勃发展，建筑业发展成就斐然，对外开放度和综合实力明显提高，为完成投资建设任务和改善人民居住条件做出了巨大贡献。从建筑业大国开始走向建造强国。正如习近平总书记在2019年新年贺词中所赞许的那样：中国制造、中国创造、中国建造共同发力，继续改变着中国的面貌。

随着国家改革开放的不断深入，建筑业持续稳步发展，发展质量不断提升，呈现出新的发展特征：一是建筑业现代产业地位全面提升。2020年，建筑业总产值263 947.04亿元，建筑业增加值占国内生产总值的比重为7.18%。建筑业在保持国民经济支柱产业地位的同时，民生产业、基础产业的地位日益凸显，在改善和提高人民的居住条件生活水平以及推动其他相关产业的发展等方面发挥了巨大作用。二是建设工程建造能力大幅度提升。建筑业先后完成了一系列设计理念超前、结构造型复杂、科技含量高、质量要求严、施工难度大、令世界瞩目的高速铁路、巨型水电站、超长隧道、超大跨度桥梁等重大工程。目前在全球前10名超高层建筑中，由中国建筑企业承建的占70%。三是工程项目管理水平全面提升，以BIM技术为代表的信息化技术的应用日益普及，正在全面融入工程项目管理过程，施工现场互联网技术应用比率达到55%。四是新型建造方式的作用全面提升。装配式建造方式、绿色建造方式、智能建造方式以及工程总承包、全过程工程咨询等正在成为新型建造方式和工程建设组织实施的主流模式。

建筑业在取得举世瞩目的发展成绩的同时，依然还存在许多长期积累形成的疑难问题和薄弱环节，严重制约了建筑业的持续健康发展。一是建筑产业工人素质亟待提升。建筑施工现场操作工人队伍仍然是以进城务工人员为主体，管理难度加大，施工安全生产事故呈现高压态势。二是建筑市场治理仍需加大力度。建筑业虽然是最早从计划经济走向市场经济的领域，但离市场运行机制的规范化仍然相距甚远。挂靠、转包、串标、围标、压价等恶性竞争乱象难以根除，企业产值利润率走低的趋势日益明显。三是建设工程项目管理模式存在多元主体，各自为政，互相制约，工程实施主体责任不够明确，监督检查与工程实际脱节，严重阻碍了工程项目管理和工程总体质量协同发展提升。四是创新驱动发展动能不足。由于建筑业的发展长期依赖于固定资产投资的拉动，同时企业自身资金积累有限，因而导致科技创新能力不足。在新常态背景下，当经济发展动能从要素驱动、投资驱动转向创新驱动时，对于以劳动密集型为特征的建筑业而言，创新驱动发展更加充满挑战性，创新能力成为建筑业企业发展的短板。这些影响建筑业高质量发展的痼疾，必须要彻底加以革除。

目前，世界正面临着百年未有之大变局。在全球科技革命的推动下，科技创新、传播、应用的规模和速度不断提高，科学技术与传统产业和新兴产业发展的融合更加紧密，一系列重大科技成果以前所未有的速度转化为现实生产力。以信息技术、能源资源技术、生物技术、现代制造技术、人工智能技术等为代表的战略性新兴产业迅速兴起，现代科技新兴产业的深度融合，既代表着科技创新方向，也代表着产业发展方向，对未来经济社会发展具有重大引领带动作用。因此，在这个大趋势下，对于建筑业而言，唯有快速从规模增长阶段转向高质量发展阶段、从粗放型低效率的传统建筑业走向高质高效的现代建筑业，才能跟上新时代中国特色社会主义建设事业发展的步伐。

现代科学技术与传统建筑业的融合，极大地提高了建筑业的生产力水平，变革着建筑业的生产关系，形成了多种类型的新型建造方式。绿色建造方式、装配建造方式、智能建造方式、3D打印等是具有典型特征的新型建造方式，这些新型建造方式是建筑业高质量发展的必由路径，也必将有力推动建筑产业现代化的发展进程。同时还要看到，任何一种新型建造方式总是与一定形式的项目管理模式和项目治理体系相适应的。某种类型的新型建造方式的形成和成功实践，必然伴随着项目管理模式和项目治理体系的创新。例如，装配式建造方式是来源于施工工艺和技术的根本性变革而产生的新型建造方式，则在项目管理层面上，项目管理和项目治理的所有要素优化配置或知识集成融合都必须进行相应的变革、调整或创新，从而才能促使工程建设目标得以顺利实现。

随着现代工程项目日益大型化和复杂化，传统的项目管理理论在解决项目实施过程中的各种问题时显现出一些不足之处。1999年，Turner提出“项目治理”理论，把研究视角从项目管理技术层面转向管理制度层面。近年来，项目治理日益成为项目管理领域研究的热点。国外学者较早地对项目治理的含义、结构、机制及应用等问题进行了研究，取得了较多颇具价值的研究成果。国内外大多数学者认为，项目治理是一种组织制度框架，具有明确项目参与方关系与治理结构的管理制度、规则和协议，协调参与方之间的关系，优化配置项目资源，化解相互间的利益冲突，为项目实施提供制度支撑，以确保项目在整个生命周期内高效运行，以实现既定的管理战略和目标。项目治理是一个静态和动态相结合的过程：静态主要指制度层面的治理；动态主要指项目实施层面的治理。国内关于项目治理的研究正处于起步阶段，取得一些阶段性成果。归纳、总结、提炼已有的研究成果，对于新发展阶段建设工程领域项目治理理论研究和实践发展具有重要的现实意义。

党的十九届五中全会审议通过的《中共中央关于制定国民经济和社会发展第十四个五年规划和二〇三五年远景目标的建议》，着眼于第二个百年奋斗目标，规划了“十四五”乃至2035年间我国经济社会发展的目标、路径和主要政策措施，是指引全党、全国人民实现中华民族伟大复兴的行动指南。为了进一步认真贯彻落实党的十九届五中全会精神，准确把握新发展阶段，深入贯彻新发展理念，加快构建新发展格局，凝聚共识，团结一致，奋力拼搏，推动建筑业“十四五”高质量发展战略目标的实现，由山东科技大学、中国亚洲经济发展协会建筑产业委员会、中国（双法）项目管理研究专家委员会发起，会同中国建筑第八工程局有限公司、中国建筑第五工程局有限公司、中建科工集团有限公司、陕西建工集团有限公司、北京城建建设工程有限公司、天一投资控股集团有限公司、河南国基建设集团有限公司、山西四建集团有限公司、广联达科技股份有限公司、瑞和安惠项目管理集团公司、苏中建设集团有限公司、江中建设集团有限公司等三十多家企业和西北工业大学、中国科学院大学、同济大学、北京建筑大学等数十所高校联合组织成立了《中国建设工程项目管理发展与治理体系创新研究》课题，该课题研究的目的在于探讨在习近平新时代中国特色社会主义思想和党的十九大精神指引下，贯彻落实创新、协调、绿色、开放、共享的发展理念，揭示新时代工程项目管理和项目治理的新特征、新规律、新趋势，促进绿色建造方式、装配式建造方式、智能建造方式的协同发展，推动在构建人类命运共同体旗帜下的“一带一路”建设，加速传统建筑业企业的数字化变革和转型升级，推动实现双碳目标和建筑业高质量发展。为此，课题深入研究建设工程项目管理创新和项目治理体系的内涵及内容构成，着力探索工程总承包、全过程工程咨询等工程建设组织实施方式对新型建造方式的作用机制和有效路径，系统总结“一带一路”建设的国际化项目管理经验和创新举措，深入研讨项目生产力理论、数字化建筑、企业项目化管理的理论创新和实践应用，从多个层面上提出推动建筑业高质量发展的政策建议。该课题已列为住房和城乡建设部2021年软科学技术计划项目。课题研究成果除《建设工程项目管理创新发展与治理体系现代化建设》总报告之外，还有我们著的《建筑业绿色发展与项目治理体系创新研究》以及由吴涛著的《“项目生产力论”与建筑业高质量发展》，贾宏俊和白思俊著的《建设工程项目管理体系创新》，校荣春、贾宏俊和李永明编著的《建设项目工程总承包管理》，孙丽丽著的《“一带一路”建设与国际工程管理创新》，王宏、卢昱杰和徐坤著的《新型建造方式与钢结构装配式建造体系》，袁正刚著的《数字建筑理论与实践》，宋蕊编著的《全过程工程咨询管理》《建筑企业项目化管理理论与实践》，张基尧和肖绪文主编的《建设工程项目管理与绿色建造案例》，尤完和郭中华等著的《绿色建造与资源循环利用》《精益建造理论与实践》，沈兰康和张党国主编的《超大规模工程EPC项目集群管理》等10余部相关领域的研究专著。

本课题在研究过程中得到了中国（双法）项目管理研究委员会、天津市建筑业协会、河南省建筑业协会、内蒙古自治区建筑业协会、广东省建筑业协会、江苏省建筑业协会、浙江省建筑施工协会、上海市建筑业协会、陕西省建筑业协会、云南省建筑业协会、南通市建筑业协会、南京市城乡建设委员会、西北工业大学、北京建筑大学、同济大学、中国科学院大学等数十家行业协会、行业主管部门、高等院校以及一百多位专家、学者、企业家的大力支持，在此表示衷心感谢。《建设工程项目管理创新发展与治理体系现代化建设》课题研究指导委员会主任、国务院原南水北调办公室主任张基尧，第十届全国人大环境与资源保护委员会主任毛如柏，原铁道部常务副部长、中国工程院院士孙永福亲自写序并给予具体指导，为此向德高望重的三位老领导、老专家致以崇高的敬意！在研究报告撰写过程中，我们还参考了国内外专家的观点和研究成果，在此一并致以真诚谢意!

二〇二一年六月三十日

肖绪文

中国建筑集团首席专家，中国建筑业协会副会长、绿色建造与智能建筑分会会长，中国工程院院士。本课题与系列丛书撰写总主编。

本书前言

在可持续发展的语境下，绿色建筑是工程建设领域实践可持续发展的具体形式，绿色建造是生成绿色建筑产品的重要过程。21世纪初，随着“绿色奥运”理念成为我国建筑业的共识，由此开启了绿色建造在中国建筑行业迅速发展的新纪元。

本书从绿色建造理论、循环经济理论以及协同学、系统论、工业生态学、绿色发展理论的视角，面向绿色建造全寿命期，提出建筑垃圾自消解处理方式的原理，基于系统动力学模型论证建筑垃圾自消解方式的优势。构建建筑垃圾资源化循环利用系统的影响因素结构模型，揭示影响因素的层次结构。基于系统序参量的建筑垃圾资源化循环利用协同机制，提出绿色建造过程资源循环利用的协同策略。建筑垃圾资源化循环利用需要绿色立项策划技术、绿色设计技术、绿色材料技术、绿色施工技术融合为技术集成体系。在建筑产业链上的每一个主体都面临着如何减少资源消耗、提高资源利用的问题，循环经济范式提供的多层次循环利用思路需要各个主体之间相互协同才能实现。协同机制在政策协同、利益相关方协同、技术协同、价值链协同等方面稳定状态的形成，依赖于建筑垃圾资源化循环利用系统序参量所确定的关键参数。根据表象层因素、中间层因素、根源层因素的相互关系、作用规律和特点，实施针对性的政策措施，能够有效促进绿色建造过程资源循环利用系统的有序协同，提升效益及效率。通过不同的工程建设项目案例验证，协同策略应用于工程建设实践取得较好的成效。

根据建筑产品生成过程中在地下结构、主体结构、基础回填、机电安装、装饰装修、室外市政等不同施工阶段、不同施工工序的建筑材料和资源消耗的规律性，系统地、全面地筹划建筑垃圾的自行消解路径，构建建筑垃圾自消解的逻辑关系和技术实现体系，在技术上是可行的，在经济上是合理的。在建造过程中运用自行消解方式处理建筑垃圾、实现建筑垃圾零排放是绿色建造过程资源循环利用和节能减排的最佳路径。党的二十大之后，随着积极稳妥推进碳达峰、碳中和目标，工程建设领域将会继续加大绿色建造过程中提高资源利用率、减少建筑垃圾排放的工作力度，推动建筑业高质量发展首要任务的进程。

本书的主体内容是在住房城乡建设部科学技术计划与北京未来城市设计高精尖创新中心开放课题资助项目“绿色建造过程建筑垃圾自消解原理及其资源化技术集成模型研究”（UDC2017033122）课题成果的基础上，经内容更新、补充完善而成。在课题研究和本书成稿过程中，我们借鉴和引用了国内外同行专家的研究成果及重要观点，为此深表谢意！

中国工程院肖绪文院士对课题研究框架和内容安排提出了多个方面的指导建议。在课题调研过程中得到北京建筑大学、中国科学院大学、中国建筑业协会、中国建设教育协会、北京工程管理科学学会、中国建筑一局（集团）有限公司、中国建筑第三工程局有限公司、中国建筑第八工程局有限公司、中国石化工程建设有限公司、中铁建设集团有限公司、中铁建工集团有限公司、青岛建设集团股份有限公司、北京城建集团有限公司、华胥智源（北京）管理咨询有限公司、《绿色建造与智能建筑》杂志社、中国建筑工业出版社等高校、企事业单位的支持和帮助，在此一并表示衷心感谢！

二〇二二年十二月

目录

第1章 绪论

1.1 绿色建造发展概况

20世纪80年代，以联合国“世界环境与发展委员会”发布《我们共同的未来》报告为标志，提出了可持续发展的概念。绿色建筑是建筑产业领域实践可持续发展理念体现出的产品形式，其生成过程是绿色建造过程。2001年，根据北京申办第29届夏季奥运会成功后场馆建设的需要，打造“绿色奥运”工程成为建筑业的共识，建筑企业在政府和行业政策的引导下，开展了以创建“绿色施工示范工程”为代表的绿色建造实践活动，取得了富有创新价值的成功经验。2015年10月，在党的十八届五中全会上，习近平总书记提出了“创新、协调、绿色、开放、共享”的新发展理念，并强调绿色发展是永续发展的必要条件和人民对美好生活追求的重要体现。坚持绿色发展和生态文明成为实现中华民族伟大复兴中国梦的重要内容。由此，中国建筑业开启了走向绿色建造的新纪元。2020年9月22日，习近平主席在第七十五届联合国大会一般性辩论上宣布：“中国将提高国家自主贡献力度，采取更加有力的政策和措施，二氧化碳排放力争于2030年前达到峰值，努力争取2060年前实现碳中和。”这是中国基于推动构建人类命运共同体的责任担当和实现可持续发展的内在要求而作出的重大战略决策。在实现碳达峰与碳中和的进程中，传统建筑业正在经历着深刻的嬗变，绿色建造担当着更加重要的历史使命。

1.1.1 问题的提出

可持续发展旨在使发展既满足当代的需求，又不损害后代满足他们需求的能力。然而，传统的建筑行业在建筑产品建造过程中需要消耗大量的物质资源和能源，材料、能源、水等资源使用效率较低，同时排放较大数量的建筑垃圾、固体废弃物，造成环境污染和生态破坏。这种状况有悖于可持续发展理念的要求。

党的十八大提出“建设美丽中国”和“推进循环发展、绿色发展、低碳发展”的战略方针，走向生态文明成为实现中华民族伟大复兴中国梦的重要内容。根据《中共中央关于全面深化改革若干重大问题的决定》和中央城镇化工作会议精神，《国家新型城镇化规划（2014－2020年）》提出走中国特色新型城镇化道路、全面提高城镇化质量的新要求，为我国建筑行业提供了良好的发展机遇，也指明了绿色建造未来发展方向。绿色建造过程最大限度地循环利用资源，减少了浪费和环境污染，有助于实现建筑业可持续发展的目标。2016年8月，习近平总书记在青海考察时指出：“循环利用是转变经济发展模式的要求，全国都应该走这样的路。”在经济发展新常态、新型城镇化建设、“一带一路”倡议、构建国内国际双循环相互促进的新发展格局背景下，开展绿色建造过程资源循环利用的协同机制研究，对于建筑业寻求碳达峰与碳中和的实现路径，推动建筑业转型升级和持续健康高质量发展，具有重要的现实意义。

1. 研究背景

党的十八大以来，在以习近平同志为核心的党中央坚强领导下，全国住房和城乡建设系统认真贯彻落实党中央、国务院决策部署，住房和城乡建设事业蓬勃发展，特别是建筑业发展成就斐然，为完成投资建设任务和改善人民居住条件作出了巨大贡献。2022年我国国内生产总值（GDP）121.02万亿元，建筑业增加值占国内生产总值的6.89%。建筑业在持续稳步发展的同时，发展质量不断提升，日益显现出新的发展特征，主要体现在以下几个方面：一是行业地位彰显新效能。建筑业在保持国民经济支柱产业地位的同时，民生产业、基础产业的地位日益突显，建筑业在改善和提高人民的居住条件、生活水平以及推动其他相关产业的发展等方面发挥了巨大作用。二是工程建造能力大幅度提升。建筑业先后完成了一系列设计理念超前、结构造型复杂、科技含量高、质量要求严、施工难度大、令世界瞩目的重大工程。三是以BIM技术为代表的新一代信息化技术的应用日益普及，信息化技术正在全面融入工程项目管理过程。根据《中国建筑施工行业信息化发展报告（2016）》提供的调查统计数据，建筑企业对BIM技术、云计算、大数据、物联网、虚拟现实、可穿戴智能技术、协同环境等信息技术的应用比率为43%，工程项目施工现场互联网技术应用比率为 55%。四是以装配式建造方式、绿色建造方式、智能建造方式为代表的新型建造方式和以工程总承包模式、全过程工程咨询模式为代表的工程建设组织实施模式正在逐步成为工程建设和管理的主流方式。

习近平总书记在 2019 年新年贺词中指出：“中国制造、中国创造、中国建造共同发力，继续改变着中国的面貌。”这是对中国建筑业发展的成就所给予的高度评价，同时也对建筑业未来的发展寄予厚望。展望“十四五”期间，中国建筑市场将从中速增长期进入中低速发展期，预计到 2025 年中国建筑业总产值将超过 33 万亿元，仍拥有全球最大的建设规模。随着建筑企业生产和经营规模的不断扩大，总产值和增加值持续保持增长，建筑业的国民经济支柱产业地位更加稳固。

建筑业在取得持续快速发展的巨大成绩的同时，依然还存在许多长期积累形成的疑难问题和薄弱环节，严重制约了建筑业的持续健康发展。一是施工安全生产事故呈现高压态势；二是建筑产业工人素质提升缓慢；三是建筑市场治理仍需加大力度；四是建筑企业转型升级面临困局；五是建筑业创新驱动发展动能不足；六是建筑企业产值利润率水平持续走低；七是建筑产品生成过程资源消耗大、废弃物排放污染环境的现象依然存在。目前，我国建筑行业消耗的资源较多，建设过程当中排放了大量建筑废弃物，建筑垃圾的数量已经占城市垃圾的 30%～40%。我国建筑业发展的速度与质量在相当大的程度上取决和受制于建筑业节约能源和降低资源消耗的水准和技术水平的进步。在中华民族伟大复兴和实现“两个一百年”奋斗目标的历史进程中，在新型城镇化建设、“一带一路”倡议、经济新常态、国内国际双循环经济发展格局、“双碳”目标、乡村振兴的背景下，随着国民经济结构调整，由粗放型经济转化成集约型经济，推广绿色建造、智能建造和工业化建造，是实现中国建筑业的绿色发展、高质量发展必须要解决好的现实问题。

从理论上讲，建筑废弃物绝大部分可作为资源被循环利用，技术可行性、经济可行性及环境无害性均得到了验证。然而，受技术工艺、机械设备、体制、政策法规、公民绿色意识、政府、企业、资金、再生产品标准等诸多因素的影响，我国建筑业施工过程中资源的回收利用水平并不高。例如，根据 2014 年度《中国建筑垃圾资源化产业发展报告》的测算，中国每年产生建筑垃圾超过 15 亿 t。2015 年，全国建筑垃圾年量约 17.01 亿 t。2015 年至 2020 年建筑垃圾产量逐年增长，到 2020 年时约为 39.66 亿 t。据统计，建筑拆除垃圾、建筑施工垃圾、建筑装修垃圾产量比例约为 10：7：1。根据 2015 年北京市政协城建环保委员会调研报告提供的数据，北京市年排放建筑垃圾规模达到 3500 万 t，而每年能够处置的建筑垃圾只有

120 万 t，并且主要采用废弃的砖窑坑、砂石坑等进行填埋的方式，造成环境污染和资源浪费，与之对比，日本、韩国等每年建筑垃圾的资源化率高达 95%，欧盟也达到了 90% 以上。因此，如何科学合理地以绿色建造理论、循环经济理论、协同学理论、绿色发展理论为基础找出影响绿色建造过程资源循环利用的重要因素，剖析绿色建造过程资源循环利用的技术路径和多层面的协同机制，进而提出提高我国绿色建造资源循环利用率的政策建议是本研究的主要议题。

2. 研究意义

1）理论意义

（1）明确提出了建筑垃圾处理的自消解原理。建筑垃圾的自行消解是基于系统理论、协同理论、工业生态理论、循环经济理论、绿色建造理论、绿色发展理论的基本原理和基本原则，在源头减少建筑垃圾的产生是立足点，对产生垃圾后在施工现场回收利用是重点。通过系统的策划和设计，利用技术经济手段，在施工生产过程中，使建筑垃圾在生产工艺流程的链条上进行资源化再利用，提高资源利用效率，在多个层级上消解建筑垃圾，实现施工现场建筑垃圾零排放。把建筑垃圾以资源化方式消解在施工生产过程而不再向外排放是处理建筑垃圾的最佳路径。

（2）丰富了绿色建造过程资源循环利用的研究范畴。本书从绿色建造理论、循环经济理论以及协同学、系统论的视角，面向绿色建造全寿命期构建资源循环利用的影响因素结构模型、序参量体系及协同机制，以此针对性地提出绿色建造过程资源循环利用的协同策略。在建筑产业链上的每一个主体都面临着如何减少资源消耗、提高资源利用的问题，循环经济范式提供的多层次循环利用思路需要各个主体之间相互协同才能实现。协同机制在政策协同、责任协同、技术协同、标准协同、利益协同等维度稳定状态的形成，依赖于资源循环利用价值模型所确定的关键参数。

（3）拓展了绿色建造过程资源循环利用影响因素的研究方法。针对构建出的影响因素概念模型，通过问卷调研，再运用系统工程中解释结构模型方法（ISM）对因素关系进行分析，得出影响因素的层级结构，随后设计序参量识别模型，识别出每一层级序参量，继而构成绿色建造过程资源循环利用系统的序参量集，为政策建议提供了坚实的理论支撑。这一系列方法为深入研究绿色建造过程资源循环利用的影响因素及序参量的识别提供了新的思路。

2）现实意义

由于目前投资建设管理体制的局限性，建设方、设计方、施工方、材料供应方等工程建设活动主体分属于不同的行政管理范围，处于相对分离、自我发展的状态，这也造成了以建筑产品为核心的建筑产业链呈现割裂状态。通过本书的研究，能够发挥绿色建造过程不同主体之间的协同效应和价值链效应，准确认知绿色建造背景下资源循环利用的规律，探索和寻求解决建筑垃圾资源化现实问题的路径，为提高工程建设全过程的资源利用效率，减少污染物排放，实现工程项目绿色建造的基本目标提供有效的对策建议。

3. 新思路

目前而言，建筑垃圾是与建筑产品的生成过程相伴生的，即建筑产品的形成活动必然会产生各种形态的固体废弃物。建筑垃圾俨然成为污染环境的重要源头，同时，建筑垃圾也是资源浪费的一种典型形式。

根据 2015 年北京市政协城建环保委员会的调研报告，北京市每年有 300 多个建筑工地在施工过程中产生土方和建筑垃圾，年产生建筑垃圾规模达到 3500 万 t，涉及建筑工程、市政道路工程、园林绿化工程和各种维修拆除工程等。北京市每年建筑垃圾处理能力只有 120 万 t，并且主要采用利用废弃的砖窑坑、砂石坑等进行填埋的方式。这些建筑垃圾在运输、消纳过程中，乱堆乱放、泄漏遗撒、占用土地等问题十分突出，严重影响城乡环境，污染空气，加剧雾霾，浪费资源，成为建设宜居北京的重要制约因素。

目前，我国对建筑垃圾的处理方法一般分为两大类：第一类是将建筑垃圾掩埋或堆放在固定场所；第二类是使用建筑垃圾再生设备将建筑垃圾粉碎、加工成可以再次使用的建筑建材。本书立足于绿色发展对生态环境保护的要求，针对目前在理论研究和实践应用中注重对建筑垃圾形成后进行“末端”再加工处理的现状，深入探求建筑垃圾资源化的规律和根除建筑垃圾问题的新思路，充分利用建筑垃圾自消解原理，选择适宜的技术路径，构建建筑垃圾循环利用价值模型，发挥工程建造过程中不同主体之间的协同效应，把建筑垃圾消除在建筑产品生成的过程之内，减少废弃物的排放，提高工程建造全过程的资源循环利用效率，推动社会、经济、生态全面协调可持续发展的城市建设目标的实现。建筑垃圾自消解原理的实践应用，开辟了资源循环利用和治理建筑垃圾的新途径，必将产生十分显著的经济效益、社会效益和环境效益。

4. 基本观点

（1）绿色建造是基于循环经济理论与清洁生产原理的融合而形成的工程建设模式。绿色建造过程资源循环利用面向建筑产品全寿命期，涉及绿色建造价值链体系中各个利益主体之间的协同。绿色建造是一项具有高度系统性的工程建设活动。

（2）绿色建造过程资源循环利用具有典型的外部性特征，建筑垃圾资源化利用协同机制稳定状态的核心在于价值协同。价值协同机制是面向业务流程的资源统筹协同、专业协同、工序协同、供应链协同和运维服务协同的价值流程融合。

（3）从循环经济范式视角，资源循环利用需遵循规模经济规律。构建资源循环利用价值模型要反映外部性特征和规模经济要求。不同范畴的资源循环利用价值模型既有区别又有联系，可以通过模型演算的结论调控协同机制的稳定运行态势，从而达成绿色建造目标的实现。

（4）建筑垃圾自行消解原理的立足点在于把建筑垃圾消除在建筑施工过程和施工现场之内，既能够提高资源的利用效率，又可以减少建筑垃圾排放对环境的污染和破坏。理论和实践都充分表明，建筑垃圾自行消解是绿色建造过程资源循环利用的最佳路径。

1.1.2 绿色建造的发展历程

为人类社会提供宜居的绿色建筑产品、实现绿色建造目标是全球建筑业共同面临的任务。Charles J.Kibert（1993）首次提出了可持续建造（Sustainable Construction）的概念，强调在建筑产品全寿命期内最大限度实现不可再生资源的有效利用，减少建筑垃圾的排放，降低施工过程对人类健康的负面影响[1]。在此之后，如何发展绿色建造成为理论研究和工程实践的重要领域。Bossink（1996）、Tam（2008）、Lim（2014）分别讨论了提高设计水平、改善施工工艺质量、减少建筑垃圾等途径对于达成绿色建造的可行性[2-4]。我国建筑业的绿色建造源于20世纪80年代从西方发达国家引入的绿色建筑概念。目前，国内大多数学者对绿色建造的范围界定为包括绿色设计和绿色施工两部分。由于国内投资建设管理体制的局限性，绿色设计与绿色施工两者处于相对分离、自我发展的状态。因此，绿色设计和绿色施工的发展阶段各不相同。

1. 绿色设计的发展历程

我国建筑行业绿色设计的发展可以分为概念萌芽阶段（1978—1992 年）、缓慢成长阶段（1993—2006 年）、快速发展阶段（2007 年至今）三个阶段。在概念萌芽阶段，主要是在设计院（所）范围内开始引入、研究、学习关于绿色设计的基本概念和设计方面的初步做法。在缓慢成长阶段，主要是开展选择性的试点，进行绿色设计的实际应用和推广。由于人们对绿色建筑理解程度的差异，该阶段中的相关工作比较缓慢，甚至还有反复，缺少法律规范等方面的支持。2007 年以来，我国进入工业化、城镇化加速发展时期，消费者对绿色建筑产品的需求量逐步增大，绿色设计的发展速度明显加快，特别是绿色建筑相关法规体系、激励政策的进一步完善，更多的建设单位、设计单位积极主动地按照我国《绿色建筑评价标准》GB/T 50378—2019 或者参照美国 LEED 评价标准及其他先进标准进行绿色设计的工程实践。

2. 绿色施工的发展历程

我国绿色施工的发展稍晚于绿色设计。绿色施工的发展历程可以划分为三个阶段，即概念引入阶段、制度创设阶段、持续成长阶段。

（1）概念引入阶段（2003—2007 年）：2001 年我国政府在申办 2008 年夏季奥运会时提出了"绿色奥运、科技奥运、人文奥运"的理念。以"绿色奥运"口号的提出为分界线，表明建筑行业从仅重视现场文明施工、建筑节能走向对绿色施工和节能、减排、环保的全面认知。

（2）制度创设阶段（2007—2010 年）：以原建设部颁布《绿色施工导则》为标志，该导则明确了绿色施工的原则，阐述了绿色施工的主要内容，制定了绿色施工总体框架和要点，提出了发展绿色施工的新技术、新设备、新材料、新工艺和开展绿色施工应用示范工程等，建筑企业在绿色施工方面有了共同的行为规范。

（3）持续成长阶段（2010 年至今）：2010 年 11 月 3 日，住房城乡建设部和国家质量监督检验检疫总局联合发布了《建筑工程绿色施工评价标准》GB/T 50640—2010，其主要包括总则、术语、基本规定、评价框架体系、环境保护评价指标、节材与材料资源利用评价指标、节水与水资源利用评价指标、节能与能源利用评价指标、节地与土地资源保护评价指标、评价方法、评价组织和程序等内容。由中国建筑业协会颁布并组织实施的《全国建筑业绿色施工示范工程管理办法》，推动了从项目层面到企业层面绿色施工管理机制的形成，从而使创建绿色施工示范工程活动成为引领建筑企业实践绿色发展的载体。

1.2 国内外研究现状

1.2.1 文献回顾

1. 绿色建造与循环经济

绿色建造是生成绿色建筑产品的过程。工程建造过程中的建筑垃圾处理是全球共同面临的难题。从 20 世纪 60 年代起，工程建设领域的有识之士就对绿色建筑进行了探索和研究。20 世纪 60 年代美国建筑师保罗 • 索莱里（Paola Soleri）把生态学（Ecology）与建筑学（Architecture）相结合，提出了生态建筑（Arology）理念。Charles J. Kibert（1993）较早阐述了可持续建造（Sustainable Construction）的观念，强调在建筑物全寿命期内，减少废弃物的排放，回收利用不可再生资源，降低施工过程的环境污染对人类健康的负面影响[1]。如何实现绿色建筑目标，特别是在建造过程中减少建筑垃圾以及将建筑垃圾进行资源化利用成为重要的研究领域。Bossink（1996）、Tam（2008）、Lim（2014）等的研究结论表明，提高建筑设计质量和施工工艺质量是减少建筑垃圾的重要途径。在满足技术、设备和资源要求的条件下，建筑垃圾在施工现场进行循环利用在经济上是可行的。施工过程中垃圾处理的重点在于减少对材料的消耗和进行资源化、无害化处置[2-4]。在美、德、日等发达国家中，建筑垃圾处理方面的主流做法是通过先进的技术手段实现多层次的资源化再生利用。

通过政治家推动、新闻媒体等对建筑环境的宣传，以及能源、建材价格的上涨和监管机制的激励，绿色建筑、可持续建造的理念逐渐深入人心，推动了绿色建筑市场的发展和扩大。进入 21 世纪以来，在前期探索和实践的基础上，绿色建造在发达国家中得到较快的普及与推广，成为工程建设领域的主导发展方向。

在我国，“绿色奥运”理念促进了绿色施工从思想观念到企业行动、行业标准的实施。国内研究者陈兴华（2010），肖绪文、冯大阔（2013）等主张把绿色施工（主要内容为“四节一环保”：节能、节材、节水、节地、环境保护）的范畴扩展为面向建筑产品生产全过程的绿色建造，并从技术筛选、全寿命期成本考核、标准体系、技术研发、政策激励及约束机制等诸多方面提出推进绿色建造的对策[5, 6]。肖绪文、冯大阔（2013，2015）研究了绿色建造的定义，即在生产建筑物时，工程项目以可持续发展为指导，通过技术进步和科学管理，最大限度地减少环境污染，实现资源高效利用，在保证工程质量和安全的同时，生产满足用户需求和国家标准的绿色建筑产品的工程活动[7, 8]。

在国内，尤完（2005），陆惠民等（2006）率先将循环经济理论的3R原则（即减量化、再利用、再循环，对社会生产和再生产活动中的物质生产要素进行最优化配置的经济模式）引入绿色建造之中，探讨了广义建筑业循环经济的运行机制，剖析了循环经济理念下可用于绿色建造的技术[9, 10]。刘沛（2009）除在逻辑维度3C循环（即小循环、中循环、大循环）层面外，还从时间维度构建基于建筑项目寿命期的循环模式，把3R原则应用于建筑业产品单元的设计、规划、运营的全寿命期中，提出市场机制是循环经济的微观运行基础，通过市场的倒逼机制减少废弃物，比如通过对丢弃权的限制并发展废弃物市场，使下游产业对上游产业形成需求压力，从生产、设计等环节为全面减少废弃物提供动力，此外还提出了技术、政策、制度、循环经济项目融资等推动机制[11]。菅卿珍（2014）根据循环经济理论，提出绿色建材产业链闭环模式，即原材料经过生产、使用，最终回收再利用[12]。

2. 建筑垃圾循环利用研究

建筑垃圾是结构施工、机电安装、装修或拆除建筑物过程中产生的废料。Muluken Yeheyis（2011）提出了一个概念性的建筑垃圾管理框架：再利用是指把部分建筑垃圾再作为原来的材料重复使用；有效的再利用在于保持建筑用材的现有结构，且不需要额外的时间和精力；再循环是指分类、收集、加工、销售和最终利用可能会被丢弃的材料[13]。Isabelina Nahmens 等（2012），Ritu Ahuja 等（2016）整合精益建造和绿色建造，探讨了基于精益制造原则的绿色建造的可行性[14, 15]。W L Lai、C S Poon（2013）从建筑垃圾回收利用技术以及建筑垃圾管理等方面进行了相关研究，指出从源头消减建筑垃圾的重要性[16]。Zeeden S R（2010）研究了一种新型的粘结材料代替普通水泥应用于工程建设，该材料通过回收熔渣和污泥灰实现建筑垃圾零排放[17]。固体废弃物管理的进步导致绿色建筑材料替代传统材料的趋势日益显著，如砖块、瓦、聚合物、陶瓷、水泥、石灰、土壤、木材和油漆。Asokan Pappu 等（2007）探讨了印度建筑固体废弃物的回收利用现状和回收潜力及对环境的影响[18]。

在我国，李大华等（2006），胡斌等（2008）将循环经济理论应用于处理建筑垃圾过程中，提出以循环经济“减量化、再利用、资源化”为指导的建筑垃圾资源化策略，包括利益驱动、法律支持、可行性技术措施、分级处理、合理确定构筑物使用寿命等方面[19, 20]。杨卫军（2010）提出了建筑垃圾回收体系，该体系由循环、操作和支持三个系统组成，循环系统是基础，操作系统是核心[21]。张金利等（2010）基于循环经济中三个层面循环的理论和北京垃圾回收利用建设的现状，从工业和社会的角度提出了建筑业废弃物回收的方法，构建固体废物回收系统[22]。佟勇（2015）依据工业生态学的系统思想，提出建筑垃圾治理模式。该模式从政府、建设单位、设计单位、施工单位和建筑垃圾处理单位等出发，架构了建筑垃圾处理的管理框架，提出了提高建筑垃圾减量化和资源化再利用的相应对策[23]。熊枫等（2016）基于重庆建筑废弃物循环利用状况，建立从“材料—产品—再生材料”到“生产—消耗—再循环”的发展模式[24]。

我国学者对建筑垃圾产生后集中进行“末端”资源化再加工回收利用方面进行了较多的研究，这也是目前我国对建筑垃圾处置的主要方式。但是这种方式需要建立新的产业系统，资金投入较大。例如，需要建立专业化的垃圾回收系统、特定产品的工业化生产线、产品研发和销售体系等，建筑垃圾加工过程仍然会产生各种污染，同时垃圾生产加工系统必须要达到适度的生产规模，否则废旧资源再生产品的成本无法体现规模效益，缺少市场竞争力，难以维持长期稳定的经营活动。近些年来已有学者对施工过程建筑垃圾源头消减、自我消减方面进行了相关研究。蒋红妍等（2012），吴玉娟（2013）利用“降在源头”的系统理念，设计了建筑垃圾源头减量化施工模式，即在设计、施工过程中运用方法优化施工架构以减少建筑垃圾产生的一种不同于传统施工的新模式，并提供较强可操作指导意见[25, 26]。肖绪文等（2015）认为，建筑垃圾减量化是要从源头上避免、减少和消除建筑垃圾，可以通过技术进步和施工现场科学管理来减少建筑垃圾产生排放量；主要由施工企业组织工程项目部在施工现场通过推广和实施绿色施工来完成[27]。魏国方等（2015）提出了施工现场废弃物综合循环利用系统，采用建筑废弃物粉碎后回填粗骨料、细骨料做砖，绿化栅栏用废弃模板等施工现场废弃物回收再利用措施，实现现场建筑垃圾回收再利用[28]。段海萍（2017）、卞家鑫（2019）、屈慧珍等（2020）提出了基于绿色经济和绿色施工理念处置建筑垃圾的措施[29–31]。荣玥芳等（2022）基于我国建筑垃圾源头减量研究在规划层面的不足，借鉴一些国家所采取的规划介入、有效监管、理念引导等规划方法，从融入法定规划体系、构建保障机制以及贯彻建筑垃圾源头减量理念等方面出发，在规划层面探索建筑垃圾源头减量的途径[32]。目前，我国部分大型建筑施工企业已经认识到施工现场建筑垃圾减量的重要意义，相关技术人员所进行的建筑垃圾处理技术探索也取得了一定成效。

3. 绿色建造过程资源循环利用影响因素

目前，国内外建筑业对各类建筑材料、水、能源进行循环利用是学者较为关注的重要领域，并且针对影响资源循环利用的因素和对策措施展开较多的研究。C. Karkanias 等（2010）研究了希腊建筑节能政策，分析出政策执行的影响因素主要包括缺乏基础信息、政策环境变动、惩罚奖励政策等[33]。Yuan Q M 等（2013）提出了影响绿色建造的社会成本因素的概念，研究国外把社会成本加入绿色建造投标报价，以及绿色建筑评价纳入社会成本的考量[34]。Shahin Mokhlesian、Magnus Holmén（2012）认为自身的商业模式的改变是建筑企业在承揽绿色建造项目需考虑的因素，合作伙伴网络、企业员工素养和成本结构是重要影响因素[35]。Hyoun-Seung Jang 等（2012）认为政府和行业间的合作是推进绿色建筑产业发展的重要因素[36]。在国内，竹隰生、王冰松（2005）认为，影响绿色施工和资源利用的因素是思想认识、经济、制度、管理水平等[37]。张巍等（2008）通过问卷调查，分析了涉及绿色建造和绿色施工的24个影响因素[38]。李惠玲等（2011）讨论了施工成本增加、绿色意识缺失、忽视绿色竞争优势对绿色施工和资源利用的影响，提出了建立健全管理制度、完善激励政策、加强宣传教育等方面的措施[39]。张谊（2013）认为，影响绿色施工的首要因素是承包商的绿色意识，并建议从材料、工艺、机械等角度采取系统化、集约化和产业化的措施[40]。刘戈等（2014）根据对施工现场抽样调查的数据，研讨了施工管理、施工安全等6类因素对绿色施工的影响[41]。石世英等（2017）运用资源经济学中的压力—状态—响应逻辑框架，构建建筑垃圾资源化综合效益评估模型，分析建筑垃圾管理状态、资源化再生产品供需端匹配情况和对建筑垃圾资源化投入产出效果的影响[42]。王祥云、尤完（2017）采用解释结构模型（ISM）方法，建立绿色建造过程资源循环利用的影响因素结构模型，揭示该模型的层次构造及要素之间的相互作用关系，提出改进绿色建造过程资源循环利用效率的策略[43]。

1.2.2 文献述评

从国内外学者们现有的研究状况可以看出，对绿色建造过程中资源节约和高效利用的研究受到人们的普遍重视，并且取得了较多研究成果，在技术措施上把资源节约与环境保护紧密联系起来，强调制度创新和系统设计对推进资源回收利用的重要性。但总体上看，仍存在以下不足之处：一是对建造过程产生的废弃物进行“末端治理”的重视程度较高，而对“源头防范”的关切度较低；二是对建筑产品全寿命期的单个阶段、单个主体的资源有效利用，特别是施工阶段的施工承包商的资源有效利用研究较多，而对全寿命期各个阶段、各个主体之间资源利用价值链和协同机制研究较少；三是对在社会层面上、行业层面上如何进行资源循环利用倾注了较多的注意力，而对施工工序之间、工程项目内部如何更好地就近进行资源循环利用、消解废弃物关注较少。

在绿色建造过程中有三个方面的问题值得进一步探讨，并在实际工作需要加以改进和完善。

（1）对资源循环利用影响因素的分析大多集中于施工过程，而未涉及工程建设项目立项策划和设计阶段，没有全面反映绿色建造过程资源循环利用的影响因素及其协同效应；

（2）对单个影响因素的罗列和分析较多，而未能揭示这些影响因素之间的相互关系、类型，以及相互之间的层级结构；

（3）当对多个因素进行研究时，没有揭示各类因素中主导因素的作用机理，由于没有强调核心因素的功能，导致对策的制定缺少针对性，在措施制度安排上的实际效应并不显著，体现在长期以来我国建筑行业的废弃物资源回收利用率较低。

1.2.3 西方发达国家推进绿色建造的经验

近 40 年来，美国、英国、德国和日本等国在绿色建造相关政策、法律法规、标准规范及技术发展等方面积累了丰富的经验，这对我国推行绿色建造具有重要的启示作用，总结归纳国外绿色建造的发展经验如下。

1. 政府发挥的主导作用

政府在推进绿色建造过程中发挥主导作用主要体现在三个方面：① 建立了推进绿色建造的相关法律、法规体系；② 不断完善推进绿色建造的政策，西方国家的政策类型可以概括为胡萝卜＋大棒的形式，即正向经济激励与处罚相结合的方式；③ 不断设立阶段性发展目标，推动绿色建造的发展。

2. 行业协会发挥的规范与协调作用

在西方发达国家推动绿色建造的过程中，协会的作用举足轻重。在法治基础上注意充分发挥市场主体的自律和行业组织、专业中介的作用。一方面，协会参与甚至主导制定行业规范、标准；另一方面，它也代表企业与政府进行谈判，协调行业内外的利益关系。

3. 龙头企业对市场的带动作用

国际一流承包商整体战略开始从利润向可持续发展倾斜，更加重视节约资源、保护环境、以人为本绿色建造理念的贯彻落实，对绿色建造的发展起到良好的引领作用。如：法国最大的建筑承包商万喜公司早在 2006 年就向世界作出绿色施工的承诺，同时每年投入大量费用进行绿色建造技术的研发，开发了多种针对建筑垃圾回收利用的技术；日本竹中工务店（ENR 承包商）提出发展绿色技术的 3Rs 原则（即减少、重复利用、回收利用），在该原则指导下，建筑垃圾的利用率达到 90%；瑞典斯堪斯卡公司提出了以保护生态环境和保障工人健康等为目标的“5 个零”（即零失败的建设项目、零环境事故、零现场事故、零种族侵害和零缺陷）可持续发展目标。

4. 绿色建造标准体系对行业的规范与引导作用

目前，大多数国家已经建立了绿色建造评价标准体系，为绿色建造的发展提供了可靠的实施依据。同时，各国对绿色建造的要求越来越高，平均每 5 年会对标准进行修编，且每次修订对绿色建造的要求均有较大幅度提高。

5. 技术创新为绿色建造的发展提供持续动力

绿色建造技术是绿色建造发展的基础和支撑，技术创新为绿色建造的发展提供源源不断的动力。绿色建造技术创新从对建筑技术本身的研究发展到与概率论、运筹学、社会学、地理学、信息系统论和优选法理论等学科的融合；从关注单体建筑发展到关注区域布局优化和绿色设计技术创新；从主要考虑建筑产品的功能、质量、成本发展到更多地关注建筑与环境、社会和经济的平衡协调；从施工技术工艺创新改进、设备更新发展到绿色施工整体策划与实施发展等，均实现了绿色建造的良好突破，实施效果颇为明显。

1.2.4 国内绿色建造的主要做法与政策导向

1. 国内绿色建造的主要做法

在我国，2004 年以后兴起的“绿色奥运”理念促进了工程建造过程中节能、节材、节水、节地、环境保护从思想观念深化到企业自觉行动、行业标准实施的阶段。王武祥（2005）较早开展了对建筑垃圾循环利用的研究[44]，尤完（2005）、陆惠民等（2006）率先将循环经济理论引入建筑业的工程建造管理过程，并提出将 3R 原理应用于工程项目、施工企业、建筑产业三个层面，构建资源循环利用体系，实现建造过程中减少资源投入、提高资源循环利用率、减少建筑垃圾排放、降低环境污染的目的[9, 10]。陈家珑等（2008、2012）研究了北京市建筑垃圾资源化利用政策以及西方发达国家建筑垃圾资源化利用现状、效益[45, 46]。刘沛（2009）、张金利等（2010）、盛晓薇（2011）、吴玉娟（2013）、菅卿珍（2014）等依据循环经济原理，从建筑行业角度研究了绿色建筑产业链运行机制、建筑固体废弃物循环利用模式[11, 22, 47, 26, 12]。陈兴华等（2010）、肖绪文和冯大阔（2013）基于建筑产品的生成，从技术筛选、寿命周期成本考核、标准体系、技术研发、政策激励、约束机制等诸多方面提出最大限度节约资源和保护环境的对策[5, 6]。莫天柱和杨元华等（2014）以及李琰等（2015）认为绿色建造的生产过程应当选用和集成适宜的绿色建造技术体系[48, 49]。近年来，李明华（2013）、肖绪文等（2015）开始关注建筑产品生产过程的协同问题，认为应当加强政府、科研院校、房地产开发企业、工程承包企业之间的沟通，协同推进绿色建筑目标的实现[50, 8]。时颖（2017）面对我国建筑垃圾资源化水平低的现状，分析总结了各发达国家的先进经验，提出了全过程管理思想，并构建出基于全过程管理的建筑垃圾资源化模式，对各参与主体的主要职能进行分析，提出了该管理模式规范化运作的建议[51]。

总体上看，对工程建造过程中资源节约、建筑垃圾回收利用的研究受到人们的普遍重视，并且取得了较多研究成果，但仍存在一些不足之处。例如，对建筑垃圾进行“末端治理”的重视程度较高，并且形成了占主导地位的思路和方法，而对工程建造过程产生的建筑垃圾进行“源头防范、自我消化吸收”方面的关切度较低，也没有在理论研究上展开深入的探索。现有的一些工程实践案例表明，如果技术路径、技术方法选择得当，建筑施工产生的大部分建筑垃圾能够在施工现场回收利用到工程建造过程之中，从而实现建筑垃圾对外界环境的近零排放。

目前，国内很多地区对建筑垃圾的处理方式主要是在建筑垃圾形成后集中进行“末端”资源化再加工回收利用，这种方式需要建立较完整的垃圾回收、工业化生产、产品研发与销售系统，运行和管理费用高，运输和加工过程依然会产生二次污染。如果达不到适度的经济规模，建筑垃圾再生产品的价格会高于同类产品，没有市场竞争力。

2. 国内绿色建造的政策导向

党的十八大以来，中共中央、国务院和建设主管部门高度重视绿色发展、绿色建造和资源利用，多次印发重要政策文件，为绿色发展和绿色建造提供政策支持并指明发展方向。

2020年5月8日，住房和城乡建设部印发了《关于推进建筑垃圾减量化的指导意见》(建质〔2020〕46号)，推进建筑垃圾减量化工作要以“统筹规划、源头减量”“因地制宜、系统推进”“创新驱动、精细管理”三大原则为指导，有效减少工程全寿命期的建筑垃圾排放，系统推进建筑垃圾减量化工作，推行精细化设计和施工，实现施工现场建筑垃圾分类管控和再利用。目标2025年年底，建筑垃圾减量化工作机制进一步完善，实现新建建筑施工现场建筑垃圾(不包括工程渣土、工程泥浆)排放量每万平方米不高于300t，装配式建筑施工现场建筑垃圾(不包括工程渣土、工程泥浆)排放量每万平方米不高于200t。引导施工现场建筑垃圾再利用。施工单位应充分利用混凝土、钢筋、模板、珍珠岩保温材料等余料，在满足质量要求的前提下，根据实际需求加工制作成各类工程材料，实行循环利用。施工现场不具备就地利用条件的，应按规定及时转运到建筑垃圾处置场所进行资源化处置和再利用。要落实建设单位在建筑垃圾减量化工作中的首要责任；各参建主体要积极开展绿色策划、实施绿色设计、推广绿色施工，采用先进技术、工艺、设备和管理措施；各级住房和城乡建设主管部门要加强组织保障和统筹管理，积极引导支持，完善标准体系，加强督促指导，加大宣传力度，确保建筑垃圾减量化工作落到实处。

2020年7月3日，住房和城乡建设部等13部门印发《关于推动智能建造与建筑工业化协同发展的指导意见》(建市〔2020〕60号)，要求积极推行绿色建造。实行工程建设项目全寿命期内的绿色建造，以节约资源、保护环境为核心，通过智能建造与建筑工业化协同发展，提高资源利用效率，减少建筑垃圾的产生，大幅降低能耗、物耗和水耗水平。推动建立建筑业绿色供应链，推行循环生产方式，提高建筑垃圾的综合利用水平。加大先进节能环保技术、工艺和装备的研发力度，提高能效水平，加快淘汰落后装备设备和技术，促进建筑业绿色改造升级。

2021 年 3 月 16 日，住房和城乡建设部发布《关于印发绿色建造技术导则（试行）的通知》（建办质〔2021〕9 号）。编制《绿色建造技术导则（试行）》的目的是推进绿色建造工作，推动建筑业高质量发展。绿色建造应统筹考虑建筑工程质量、安全、效率、环保、生态等要素，实现工程策划、设计、施工、交付全过程一体化；绿色建造应有效降低建造全过程对资源的消耗和对生态环境的影响，减少碳排放；绿色建造宜采用系统化集成设计、精益化生产施工、一体化装修的方式，加强新技术推广应用；绿色建造宜结合实际需求，有效采用 BIM、物联网、大数据、云计算、移动通信、区块链、人工智能、机器人等相关技术；绿色建造宜采用工程总承包、全过程工程咨询等组织管理方式，促进设计、生产、施工深度协同；绿色建造宜加强设计、生产、施工、运营全产业链上下游企业间的沟通合作，强化专业分工和社会协作，优化资源配置，构建绿色建造产业链。

2021 年 10 月 21 日，中共中央办公厅、国务院办公厅印发了《关于推动城乡建设绿色发展的意见》（中办发〔2021〕37 号）。要求实现工程建设全过程绿色建造。开展绿色建造示范工程创建行动，推广绿色化、工业化、信息化、集约化、产业化建造方式，加强技术创新和集成，利用新技术实现精细化设计和施工。大力发展装配式建筑，重点推动钢结构装配式住宅建设，不断提升构件标准化水平，推动形成完整产业链，推动智能建造和建筑工业化协同发展。完善绿色建材产品认证制度，开展绿色建材应用示范工程建设，鼓励使用综合利用产品。加强建筑材料循环利用，促进建筑垃圾减量化，严格施工扬尘管控，采取综合降噪措施管控施工噪声。推动传统建筑业转型升级，完善工程建设组织模式，加快推行工程总承包，推广全过程工程咨询，推进民用建筑工程建筑师负责制。

2022 年 6 月 30 日，住房和城乡建设部、国家发展改革委发布了《关于印发〈城乡建设领域碳达峰实施方案〉的通知》（建标〔2022〕53 号）。要求推进绿色低碳建造。大力发展装配式建筑，提高预制构件和部品部件通用性，推广标准化、少规格、多组合设计。推广钢结构住宅，到 2030 年装配式建筑占当年城镇新建建筑的比例达到 40%。推广智能建造，到 2030 年培育 100 个智能建造产业基地，打造一批建筑产业互联网平台，形成一系列建筑机器人标志性产品。推广建筑材料工厂化精准加工、精细化管理，到 2030 年施工现场建筑材料损耗率比 2020 年下降 20%。优先选用获得绿色建材认证标识的建材产品，建立政府工程采购绿色建材机制，到

2030 年星级绿色建筑全面推广绿色建材。加强施工现场建筑垃圾管控，到 2030 年新建建筑施工现场建筑垃圾排放量不高于 300t/万 m^2。推进建筑垃圾集中处理、分级利用，到 2030 年建筑垃圾资源化利用率达到 55%。

本书在研究如何处理建筑垃圾问题上，采用了不同于现有方式的全新思路，即借助于绿色建设过程中资源消耗规律和建筑垃圾自消解原理，立足于在多元化协同机制作用下，建立具有自我消解功能的建筑垃圾资源化技术集成协同模型，通过多层次、多途径的循环利用方式，把建筑垃圾消除在工程建设过程中，大幅度减少建筑垃圾在工程建设过程最末端的排放量，从而使得全社会的建筑垃圾排放总量规模减小。建筑垃圾自消解资源化技术集成模型的推广应用，既能够提高资源利用效率，又能够减少建筑垃圾产生的环境污染，推动区域协同发展和建设“资源节约型社会、环境友好型社会、生态文明型社会”的步伐。

1.3 研究内容及主要成果

1.3.1 研究内容和研究方法

1. 研究内容

（1）概述问题的提出，研究背景与研究意义，重点对国内外相关研究现状进行总结，以及研究计划执行情况和主要成果。

（2）阐述绿色建造理论、价值链理论、协同学理、循环经济理论、工业生态学理论、绿色发展理论等基础理论。

（3）提出绿色建造过程建筑垃圾自消解原理，论述建筑垃圾自消解处理方式的可行性。构建绿色建造系统、绿色建造过程资源循环利用系统，以及定义协同策略的内涵。

（4）采用系统动力学模型比较分析不同建筑垃圾处理方式，论证建筑垃圾自消解模式的优势。

（5）分析绿色建造过程中建筑垃圾自消解、资源循环利用的主要影响因素，基于 ISM 构建绿色建造过程资源循环利用的解释结构模型。

（6）构建基于系统序参量的资源循环利用协同机制，采用集对分析法中的联系度构建序参量识别模型，识别解释结构模型中每一层级的关键因素及整体序参量集。

（7）提出绿色建造过程中建筑垃圾资源化循环利用的协同策略，分析根源层、中间层、表象层因素的协同措施。

（8）讨论建筑垃圾资源化利用技术集成体系、内容和措施。

（9）以 CD 银泰中心工程项目、SZ 地铁 14 号线土建项目为例，验证协同策略的实际应用效果。

（10）提出绿色建造过程资源循环利用的发展路径，分析未来发展趋势。

（11）总结本书的主要结论和创新点。

2. 研究方法

（1）文献研究法。根据课题“绿色建造过程资源循环利用协同机制研究”的需要，进行大量的文献收集阅读，确定研究现状，选择绿色建造过程资源循环利用的主要影响因素。

（2）系统分析法。绿色建造过程资源循环利用系统是一个复杂开放系统，系统分析方法为从构建影响因素解释结构模型到序参量分析提供了可用的方法，系统分析法贯穿全文的始终，使内容完整、条理清晰、结构完善。

（3）解释结构模型法（ISM）。基于 ISM 法构建了绿色建造过程资源循环利用的影响因素解释结构模型。

（4）层次分析（AHP）与集对分析法（SPA）。引进 SPA 法中的联系度构建指标权重模型，为构建序参量识别模型提供思路。

（5）系统动力学方法。运用系统动力学 VENSIM 软件进行仿真模拟，旨在模拟建筑垃圾不同处理方式在社会、经济、生态中的运行情况，从而为制定最优处理方案提供理论依据。

（6）问卷调查、实证分析法。通过问卷调查筛选影响因素，通过专家访谈获得影响因素邻接矩阵和评价矩阵。最后根据工程案例的实际运用情况，讨论协同策略的实际效用。将理论和实证结合起来才能够更加准确地反映现实问题。

1.3.2 研究计划执行情况

课题组按照项目研究计划已经开展的研究工作包括：

（1）在文献研究方面，研读和梳理了 30 多篇国外相近领域期刊资料，整理、分析了国内 100 余篇相同领域期刊文献的主要观点。

（2）在面向建筑行业调研方面，先后就中国建筑第一工程局、中国建筑第三工程局、中国建筑第八工程局、中铁建设集团公司、中铁建工集团公司、中铁十四局集团公司、青岛建设集团公司、北京城建集团公司、陕西建筑集团等企业及其所属项目经理部（分布于北京、南京、上海、合肥、郑州、商丘、杭州、厦门、武汉、西安、成都、宜宾、广州、湛江等）的绿色建造过程资源循环利用情况，通过座谈会、个别访谈等形式进行调研。

（3）根据研究过程的阶段成果，协助中国建筑业协会工程项目管理委员会、中国建筑业协会绿色施工分会举办了工程项目管理创新、绿色施工示范工程经验交流会暨学术研讨会。

在课题研究的总体进度上，与计划相比有延期。延期的主要原因是，在该项目的申请书中，课题研究的开始时间为 2017 年 7 月，但住房和城乡建设部发布的项目立项时间为 2017 年 10 月 23 日，实际启动时间比原计划推迟约 3 个月，在后来的调研和研究计划实施过程中又因春节放假、工程进度档期调整等多因素的累加原因，延迟约 3 个月时间，因而总体上比原计划延迟约 6 个月时间。

1.3.3 主要研究成果

课题研究成果主要表现为在国内正式期刊和国际学术研讨会发表论文 10 篇（其中 EI 论文 5 篇，核心期刊 3 篇）：

（1）王祥云，尤完．绿色建造过程中资源循环利用的影响因素及对策［J］．建筑经济，2017，38（03）：99-104.

（2）Youwan, WangXiangyun. Study on the Paths and Scale Economy of Building Waste Resource Recovery [C]. 2016 年房地产与建设管理国际会议，2016-09-29: 617-623.（EI 检索）

（3）YouWan, GuoZhonghua. Rediscovery the Current Situation of Green Building [C]. 2016 年第 4 届工程管理国际学术研讨会论文集（EI），2016.7.30：36-46.

（4）尤完，肖绪文．中国绿色建造发展路径与趋势研究［J］．建筑经济，2016，37（02）：5-8.

（5）You Wan,Xiao Xuwen. Study on Development Situation and Prospects for Green Construction [C]. 2015 年建设与房地产管理国际学术研讨会论文集，2015.8.11：272-281.

（6）Wan YOU, Xuezhi LIU. Research on the Influencing Factors of Green Building

Economics Based on ANP [C]//. Conference Proceedings of the 6th International Symposium on Project Management (ISPM2018)., 2018:74–84.

（7）Ai DONG, Wan YOU, Hong ZHANG, Hongjun Jia. Research on Construction Waste Treatment Methods Based on System Dynamics[C]//. Conference Proceedings of the 6th International Symposium on Project Management(ISPM2018)., 2018:880–888.

（8）孙瑞，刘学之．基于博弈论的开发商绿色建造决策研究［J］．价值工程，2018，37（28）：110–112.

（9）董爱，张宏，尤完，刘学之．基于消费者视角的绿色建筑增量成本效益研究［J］．价值工程，2019，38（22）：11–15.

（10）尤完，刘学之．基于 ISM 的绿色建造产业链协同影响因素研究［J］．建筑经济，2020，41（01）：100–103.

第 2 章

绿色建造过程资源循环利用的理论基础

2.1 绿色建造理论

2.1.1 绿色建造定义

我国建筑行业绿色建造理念来源于 20 世纪 80 年代西方发达国家兴起的绿色建筑概念。绿色建造是在资源日益紧缺、环境污染加剧的背景下提出的新型工程建造活动，旨在解决建造过程中环境污染问题和资源浪费问题。绿色建造是指通过技术的进步和科学的管理，以期最大限度保护环境和节约资源，达到绿色发展需求，最终生成绿色建筑产品的工程活动。在这一过程中，始终贯穿着节约资源、减少排放、保护环境的可持续发展理念[8]。本研究在总结国内专家学者研究成果的基础上，提出关于绿色建造内涵的三重含义，即狭义的绿色建造概念、面向工程项目全寿命期的绿色建造概念、面向建筑产品全寿命期的绿色建造概念。

1. 狭义的绿色建造概念

从狭义上讲，绿色建造是指在施工图设计和施工全过程中，立足于工程建设总体角度，在保证工程质量和安全生产的同时，通过科学管理和技术进步，提高资源利用效率，节约资源和能源，减少污染，保护环境，实现可持续发展的工程建设生产活动。也就是说，狭义的绿色建造仅包含了施工图绿色设计和绿色施工两个环节。这是绿色建造概念的第一重含义。

2. 面向工程项目全寿命期的绿色建造概念

目前，国内对于绿色建造的定义主要依据中国工程院肖绪文院士等专家和学者提出的广义绿色建造概念。广义绿色建造概念是基于项目活动的定义，面向工程建设项目全寿命期而界定的概念。

从广义上讲，绿色建造是在工程建造过程中体现可持续发展的理念，通过科学管理和技术进步，最大限度地节约资源和保护环境，生产绿色建筑产品的工程活动。如图 2–1 所示。其内涵主要包括以下几个方面。

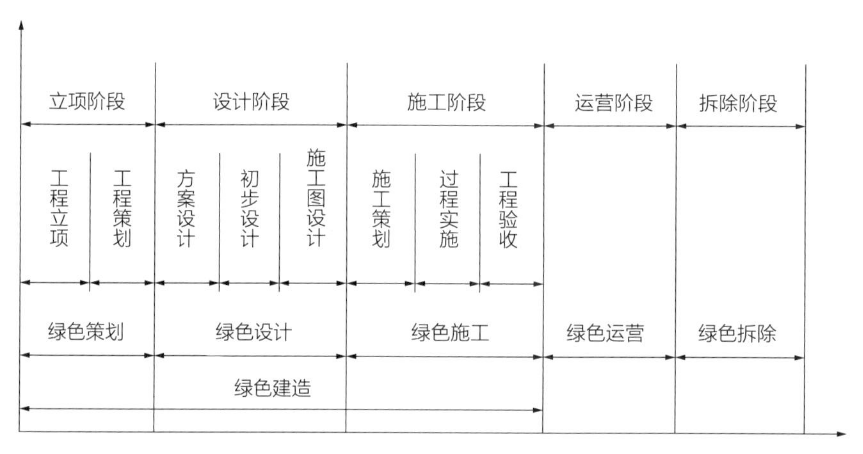

图 2-1 广义绿色建造示意图

（1）绿色建造的指导思想体现了习近平新时代中国特色社会主义思想，绿色建造正是在人类日益重视可持续发展的基础上提出的发展战略，绿色建造的根本目的是实现建筑业的可持续发展。

（2）绿色建造的基本理念是“资源节约、环境友好、品质保证、过程安全”。绿色建造在关注工程建设过程安全和质量保证的同时，更注重环境保护和资源节约，实现工程建设过程的“节能、节材、节水、节地、节约劳动力和保护生态环境”。

（3）绿色建造的载体是工程建设生产活动，但这种活动是以保护环境和节约资源为前提的。绿色建造中的资源节约是强调在环境保护前提下的节约，与传统施工中的节约成本、单纯追求施工企业的经济效益最大化有本质区别。

（4）绿色建造的实现途径包括工程项目立项的绿色策划、施工图的绿色设计、绿色建造技术进步和系统化的科学管理。绿色建造包括工程项目立项的绿色策划、施工图绿色设计和绿色施工环节，施工图绿色设计是实现绿色建造的关键，科学管理和技术进步是实现绿色建造的重要保障。

（5）绿色建造的骨架是新型绿色材料。绿色建造的实施主体是工程承包商，并需由相关方（政府、业主、总承包、设计和监理等）共同推进。政府是绿色建造的主要引导力量，业主是绿色建造的重要推进力量，承包商是绿色建造的实施责任主体。

广义的绿色建造是指建筑产品生成活动的全过程，包含工程立项绿色策划、绿色设计和绿色施工三个阶段，但绿色建造不是这三个阶段的简单叠加，而是相互之间的有机整合。绿色建造能促使参与各方立足于工程总体角度，对工程立项策划、设计、材料选择、楼宇设备选型和施工过程等方面进行全面统筹，有利于实现工程建设项目绿色目标和提高综合效益。面向工程建设项目全寿命期的绿色建造概念可视为第二重含义的绿色建造概念。

3. 面向建筑产品全寿命期的绿色建造概念

本研究对于绿色建造的定义，在内涵上扩展了国内有关专家的观点。国内较多的专家学者从广义角度认为，绿色建造的范畴包括绿色策划、绿色设计、绿色施工。而本书作者的观点是从区分项目活动与工程实体角度，可以提炼出第三重含义的绿色建造概念，即面向建筑产品全寿命期定义绿色建造。在建筑产品运营阶段的物业维修和现代化改装活动，以及在建筑产品终结阶段的整体或部分拆除活动，都可以看成是绿色施工阶段活动的后续和延伸，因此，第三重含义的绿色建造概念涵盖了建筑产品的绿色策划、绿色设计、绿色施工、绿色运维、绿色拆除全寿命期。

建筑产品全寿命期绿色建造融合了工程立项及设计过程、工程建造过程、工程实体运维过程和工程终结拆除过程。绿色建造是绿色策划、绿色设计、绿色施工、绿色运维、绿色拆除五个阶段的有机整合。节约资源、减少排放、保护环境等目标的实现需要政府、业主方、设计方、施工方、材料供应方、物业管理方等利益相关者，对项目策划、建筑设计、材料选用、楼宇设施选型、施工、运行维修、建筑物拆除、回收利用等方面进行系统性的全面统筹，以期提高资源综合利用率和综合效益，实现建筑产品绿色目标。面向建筑产品全寿命期绿色建造各阶段划分见表2-1。

面向建筑产品全寿命期绿色建造各阶段划分表　　表2-1

立项阶段		设计阶段			施工阶段			运营阶段	终结阶段
工程立项	工程策划	方案设计	初步设计	施工图设计	施工策划	过程实施	工程验收	建筑物维修	建筑物拆除
绿色策划		绿色设计			绿色施工			绿色运维	绿色拆除
绿色建造									

4. 绿色建造的相关概念

（1）绿色建造与绿色施工的关系

在原建设部颁布的《绿色施工导则》中，对绿色施工进行了明确定义。绿色建造是在绿色施工的基础上，向前延伸至施工图设计的一种施工组织模式，绿色建造包括施工图的绿色设计和工程项目的绿色施工这两个阶段。因此，绿色建造可以使施工图设计与施工过程实现良好衔接，从而使承包商基于工程项目的角度进行系统策划，实现真正意义上的工程总承包，提升工程建设过程的绿色化实施水平。

（2）绿色建造与绿色建筑的关系

根据住房和城乡建设部发布的《绿色建筑评价标准》GB/T 50378—2019 中定义，绿色建筑是指在全寿命期内，节约资源、保护环境、减少污染，为人们提供健康、适用和高效的使用空间，最大限度地实现人与自然和谐共生的高质量建筑。绿色建造与绿色建筑互有关联但又各自独立，包括：① 绿色建造主要是一种过程，是建筑的生成阶段；而绿色建筑则表现为一种状态和结果，是提供人们生产和生活的既定空间。② 绿色建造可促使甚至决定绿色建筑的生成；但基于项目前期策划、规划、方案设计及扩初设计绿色化状态的不确定性，仅有绿色建造不一定能形成绿色建筑。③ 绿色建筑的形成，需要从前期策划、规划、方案设计及扩初设计等阶段着手，确保各阶段成果均实现绿色化；绿色建造应在项目实施前期各阶段成果实现绿色的基础上，沿袭既定的绿色设计思想和技术路线，实现施工图设计和施工过程的双重绿色。④ 绿色建造的重心主要涉及工程实体的生成阶段，特别是工程建造活动对环境的影响主要集中于施工过程；绿色建筑作为产品，事关居住者健康、运行成本和使用功能，对整个使用周期均有重大影响。

（3）绿色建造与建筑业高质量发展

党的十九大报告明确提出，我国经济已经由高速增长进入高质量发展阶段。建筑业高质量发展是指建筑产品与服务满足人民日益增长的美好生活需要和可持续绿色发展需要的发展方式。绿色发展已成为国家发展理念，并被列入新时期建筑方针：适用、经济、安全、绿色、美观。绿色发展的核心在于低碳经济。低碳经济不仅成为当今世界潮流，还已然成为世界各国政治家的道德制高点。我国的经济总量主要聚集在城市，而“建筑物运行＋建造过程”能耗又占据全社会总能耗的较大百分比，因此建设现代低碳城市必须要围绕低碳建筑和绿色建造，这是建筑业高质量发展的必由之路。低碳建筑必须要做好三项基础工作：一是尽可能减少钢材、水泥、玻璃等高能耗工业产品的用量；二是尽可能实现建筑产品的工厂化装配，减少施工现场的能源消耗和污染；三是尽可能从方案论证阶段开始排除碳排放高的建筑方案。

（4）绿色建造与碳达峰、碳中和目标

绿色建造是碳达峰、碳中和的内在要求。2021年9月22日，《中共中央　国务院关于完整准确全面贯彻新发展理念做好碳达峰碳中和工作的意见》（中发〔2021〕36号）中提出要提升城乡建设绿色低碳发展质量，推进城乡建设和管理模式低碳转型。在城乡规划建设管理各环节全面落实绿色低碳要求。严格管控高能耗公共建筑建设。实施工程建设全过程绿色建造，健全建筑拆除管理制度，结合实施乡村建设行动，推进县城和农村绿色低碳发展。大力发展节能低碳建筑。持续提高新建建筑节能标准，加快推进超低能耗、近零能耗、低碳建筑规模化发展。大力推进城镇既有建筑和市政基础设施节能改造，提升建筑节能低碳水平。逐步开展建筑能耗限额管理，推行建筑能效测评标识，开展建筑领域低碳发展绩效评估。全面推广绿色低碳建材，推动建筑材料循环利用。

2.1.2　绿色建造系统

1. 绿色建造系统要素

绿色建造系统是一个多组织、多功能、多维度的复杂系统。从组织结构要素看，绿色建造系统的组织要素由建设单位、设计单位、施工单位、监理单位、运维单位等组成；从功能结构要素看，绿色建造系统的功能要素由立项策划要素、项目设计要素、工程施工要素、物业维护要素等组成；从维度结构要素看，绿色建造系统的维度要素由技术维度要素、管理维度要素、资源维度要素、信息维度要素等组成。

2. 绿色建造系统特征

绿色建造系统具有一般系统的基本特征。

（1）绿色建造系统的整体性

绿色建造系统是由若干要素组成的具有一定新功能的有机整体，这些要素本身具有不同的功能和性质，一旦组成系统整体就具有与独立要素所不同的性质和功能，形成新的系统，并且新系统的整体性质和功能不等于各个要素性质和功能的简单加和。

（2）绿色建造系统的层次性

由于组成绿色建造系统的诸要素的种种差异包括结合方式的差异，使绿色建造系统组织在地位与作用、结构与功能上表现出等级秩序性，形成具有质的差异的系统等级。高层次系统由低层次系统构成，高层次包含着低层次，低层次属于高层次。高层次作为整体性制约着低层次，又具有低层次所不具有的性质，低层次构成高层次，受制于高层次，但也具有一定的独立性。绿色建造系统的层次区分是相对的，相对区分的不同层次之间又是相互联系的。不仅相邻的上下层次之间相互影响相互制约，甚至是多个层次之间相互联系相互作用，例如多个层次之间的协同作用。

（3）绿色建造系统的开放性

绿色建造系统具有不断地与外界环境进行物质能量信息交换的性质和功能，系统向环境开放是系统得以向上发展的前提，也是系统得以稳定存在的条件。绿色建造系统总是处于与环境的相互联系相互作用之中，通过系统与环境的交换，潜在的可能性转化为现实性。

（4）绿色建造系统的目的性

在一定范围内，绿色建造系统在与环境的相互作用过程中，系统的发展和变化受条件变化和途径经历影响较小，持续表现出某种趋向于预先确定的状态的特性。绿色建造系统之所以有目的性，其根本原因在于系统内部以及系统与环境之间的复杂的非线性相互作用，系统的目的性表现出系统发展方向的确定性方面。

（5）绿色建造系统的稳定性

在外界作用下，绿色建造系统具有一定的自我稳定能力，能够在一定范围内自我调节，从而保持和恢复原来的有序状态，以及原有的结构和功能。绿色建造系统的稳定性是动态中的稳定性，是在与环境的动态交换之中得以保持的。绿色建造系统之所以具有受到干扰后迅速排除偏差，恢复到正常的稳定状态的能力，关键在于其中的负反馈机制。系统的不稳定因素总是存在的，即使系统在整体上是稳定的，系统之中也可能存在局部的不稳定性。系统中的不稳定因素，通常会成为系统演化发展的积极因素。

（6）绿色建造系统的突变性

绿色建造系统通过失稳，从一种状态进入另一种状态的突变过程，是系统质变的一种基本形式，突变方式多种多样，具有质变多样性。系统的突变包括在系统要素层次上的突变和在系统层次上的突变。对于系统要素层次上的突变，如果从系统整体上看，可以被看作是系统之间的涨落，不论是个别要素的结构功能发生了变异，还是个别要素的运动状态显著不同于其他要素，都可以看作是系统要素对于系统稳定的总体平均状态的偏离。当这种差异得到系统中其他子系统的响应时，便加大了系统中的非平衡性，涨落放大，系统发生质变，进入新的状态。

（7）绿色建造系统的自组织性

开放系统在系统内外两方面因素的复杂非线性相互作用下，内部要素的某些偏离系统稳定状态的涨落可能得以放大，从而在系统中产生更大范围的更强烈的长程相关，自发组织起来，使系统从无序发展到高级有序。充分开放是系统自组织演化的前提条件，非线性相互作用是自组织系统演化的内在动力，涨落成为系统自组织演化的原初诱因，循环是系统自组织演化的组织形式，相变和分叉体现了系统自组织演化的多样性，混沌和分形揭示了从简单到复杂的系统自组织演化的图景。如果说系统内的相互作用是系统组织的内容方面，那么，系统的组织形式方面就体现为系统的结构形式和系统内要素之间的联系。自组织表示系统的运动是自发的、不受外来特定干扰而进行的，其自发运动是以系统内部的矛盾为根据，以系统的环境为条件的系统内部及系统与环境交互作用的结果。

（8）绿色建造系统的相似性

绿色建造系统具有同构和同态的性质，体现在系统的结构和功能、存在方式和演化过程具有共同性，这是一种有差异性的共同，是系统统一性的一种表现。系统之间的差异是绝对的，而相似是有条件的。系统相似性不仅是任何结构意义上的可见的相似性，也可以是功能性的、无条件意义上的相似性。系统规律的相似性、思维活动的相似性和关系的相似性，都是后一种意义上的相似性。

2.2　价值链理论

2.1.1　价值链原理及其理论扩展

1. 价值链原理

美国经济学家迈克尔·波特（Michael E. Poter）从企业主营业务流程和对企业利润的价值贡献角度定义价值链[73]。他认为，企业的价值创造是通过一系列活动构成的，这些活动可分为基本活动和辅助活动两类，基本活动包括内部后勤、生产作业、外部后勤、市场和销售、服务等；而辅助活动则包括采购、技术开发、人力资源管理和企业基础设施等。企业的每项生产经营活动都可以创造价值，这些互不相同但又相互关联的生产经营活动，构成了一个创造价值的动态过程，即价值链。价值链可以形成企业最优化及协调的竞争优势，如果企业所创造的价值超过其成本便有盈利；如果超过竞争者，便拥有更多的竞争优势。利润作为一个结果，它是表现基本活动和支持活动管理程度的函数。价值链中的每一个功能和活动都是公司管理的一部分，可以造成营业毛利的增加或减少。因此，公司管理团队的成员都有责任和义务实现企业利润。

价值链在经济活动中是无处不在的，上下游关联的企业与企业之间存在行业价值链，企业内部各业务单元的联系构成了企业的价值链，企业内部各业务单元之间也存在着价值链联结。价值链上的每一项价值活动都会对企业最终能够实现多大的价值造成影响。

价值链原理揭示了企业与企业的竞争，不只是某个环节的竞争，而是整个价值链的竞争，而整个价值链的综合竞争力决定企业的竞争力。

2. 价值链的理论扩展

价值链原理可以扩展到行业价值链层面。行业价值链分析是指企业应从行业角度、从战略的高度看待本企业与上游供应商和下游客户之间的关系，寻求利用行业价值链的结构特征降低成本的方法。进行行业价值链分析既可使企业清晰本企业在行业价值链中的位置，以及与自己同处于一个行业的价值链上其他企业的整合程度对本企业构成的威胁，也可使企业探索利用行业价值链实现降低成本的目的的方法。行业的这种跨界价值链又叫垂直一体化联结，即代表了企业在行业价值链中与其上下游之间的关系。改善与供应商的联结关系，可以降低本企业的生产成本，通常也会使供需双方获益。

把价值链原理及其理论扩展应用到绿色建造全过程，则可以形成绿色建造价值链理论。绿色建造活动是以生成绿色建筑产品为最终目的，这个过程涉及众多不同的阶段，每一个阶段由一个特定的责任主体负责进行分工范围内的具体工作，每一个阶段的工作内容都与绿色建筑产品的价值目标相互联系，所有这些工作都是为绿色价值增值服务的，因此，工程建造过程各个阶段的活动构成绿色建造价值链。

绿色建造价值链是一个跨越多个组织边界的作业链中各节点企业所有相关作业

的一系列组合。绿色建造价值链中作业之间的依赖程度越高，就越需要协调和管理价值链中节点企业之间的关系。协调价值链中各节点企业之间的关系，就是要在各参与方相互信任的基础上，利用共享的有关信息，对整个价值链中相互依赖的作业进行定位、协调和优化，把生产资源的分工协作和物流过程组织成为总成本最低、效率最高的供应链，使处在价值链上的各节点企业具有共同的价值取向和一致行动，以取得最高的价值增值，从而实现绿色建筑产品价值最大化的目的。

2.2.2　绿色建造价值链体系

绿色建造活动面向建筑产品寿命期过程，涉及建筑产业链条的各个利益主体和责任主体的协同，因而绿色建造价值链是一个多功能的建筑产品建设和运行体系，主要涵盖以下内容，如图 2–2 所示。

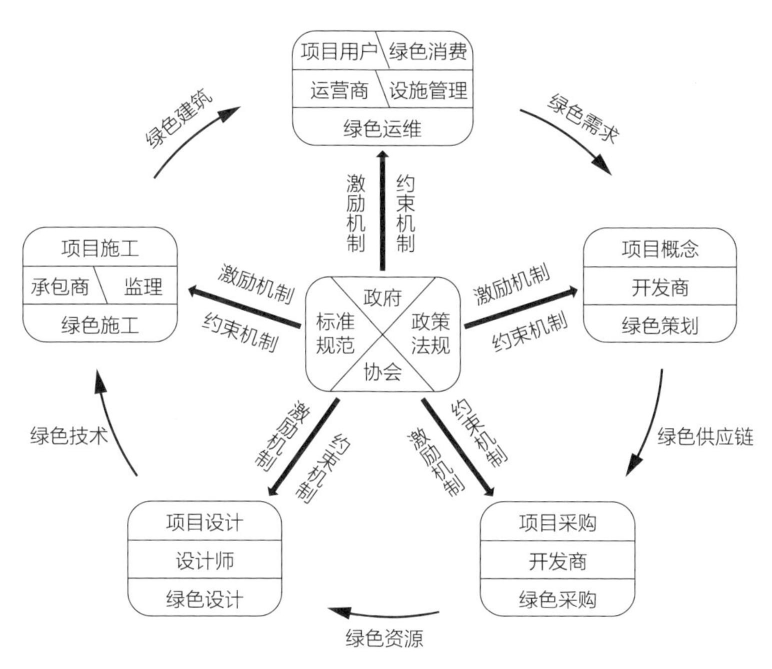

图 2-2　绿色建造价值链系统

（1）绿色策划。住宅开发商是住宅产品市场供给的主体，为了满足住宅用户对于绿色建筑产品的需求，在项目概念阶段，也就是在项目立项策划时，开发商谋划满足客户需要、实现绿色建筑功能的可行性，这就是绿色策划。绿色策划的内容包括：描述项目的主要用途或综合用途和目的；决定项目的定位；确定项目系统的组成结构；确定项目的质量标准、投资估算、建设工期；确定和选择最佳的融资方案；确定项目目标控制；研究财务、技术、经济、环境、社会、风险、组织等方面的可行性。

（2）绿色采购。开发商按照绿色策划所确定的目标要求进行采购，采购过程体现高效利用和节约资源、减少环境污染、创造宜居环境。绿色采购的主要内容是选择符合项目建设目标要求的咨询顾问、设计师、承包商、物质资源等。对于施工中所需要的建筑材料及设备的采购，要依据国家、地方政府绿色采购政策规定，采购绿色材料和设备，包括合格绿色供应商的评价和选择以及材料和设备计划、运输、保管等工作。施工用建材要优先使用清洁生产技术，优先使用建筑垃圾经回收利用所生产的建材，绿色建材通常拥有无毒害、无污染和放射性、可重复使用等特征，还可以用保温隔热性能强、节水节材效果好的建筑材料。绿色施工机械采购要优先采购具备施工高效率、低能耗、周转次数多、场地占用少、安全性能高等特点的施工机械及工具，如塔吊、变频施工电梯、塑料模板、自动爬升模架、“管件合一”脚手架等。绿色楼宇设备采购要优先采购在设备寿命期内具备高能效、低能耗、小污染等特点的工程设备，如变频设备、蓄冰空调、地（水）源热泵机组、LED 照明、智能化设备等。

（3）绿色设计。绿色设计的基本要求是通过技术和材料的综合整合，尽量减少不可再生资源的消耗和生态环境的污染，为用户提供健康、舒适的工作和生活环境。对于绿色设计还要加强绿色设计内容的审查，包括建筑方案设计是否明确绿色建筑标准和政策要求；环境评估等主管部门是否依据位置、光照、土地和其他绿色控制指标批准规划；可再生能源应用、保温设计、暖通空调方案设计、非传统用水、全装修、分类计量等绿色设计指标，是否符合绿色设计标准和相关政策要求等。

（4）绿色施工。绿色施工是绿色建造的重要环节，是绿色设计的物化生成过程，主要包括策划、实施和验收等阶段。绿色施工必须奉行以人为本、环保优先、资源高效利用、精细施工等原则，在绿色施工策划、采购、实施和评价等过程中均遵循相关理念和原则，研发和采用绿色施工技术，才能使整个施工过程实现绿色化。绿色施工包括多层次的含义：以实现绿色建筑为目的；以合理管理和技术水平提升为实现途径；以减少资源消耗和保护环境为特征；强调的重点是使施工过程的污染排放最少和资源有效利用；坚持以人为本，更加强调改善作业环境、减轻劳动强度。

绿色施工评价是绿色施工的一个重要环节。住房和城乡建设部于 2010 年 11 月正式发布《建筑工程绿色施工评价标准》GB/T 50640—2010，确定了绿色建筑评估的基本规定，要求对施工过程进行绿色施工评估，明确绿色施工项目在体系建设、内容策划、“四新”技术创新与应用、培训、持续改进、文件记录等方面的规定。绿色施工评价包括三个阶段：基础与基础工程、结构工程、机电工程装饰与安装。分别对保护环境、节材、节水、节能、节地五个要素进行评估。绿色施工技术是实现绿色建筑和支撑绿色建造活动的技术手段。

（5）绿色运维。当工程项目竣工交付使用后，承包商在工程建设活动中合同约定的主要责任已经完成，项目进入运营和维护阶段，此时的项目活动主体是运营商，与此同时，工程实体本身的实际用户也成为建筑成品消费主体。例如，作为住宅产品的绿色消费建立在绿色建筑和绿色运维的基础上，居住者本身的使用行为也对绿色建筑产品销售功能的实现产生直接影响。建筑物拆除预示着绿色运维过程的终结。

2.3　协同学理论

2.3.1　协同学内涵

协同学是研究由大量子系统组成的系统在一定条件下，通过子系统间的协同作用，在宏观上呈有序状态，形成具有一定功能的自组织结构机理的学科。协同学以信息论、控制论、突变论等现代科学理论为基础，吸取平衡相变理论中的序参量概念和绝热消去原理，通过对不同学科领域中的同类现象的类比，进一步揭示了各种系统和现象中从无序到有序转变的共同规律。同耗散结构理论一样，协同学的研究对象也是远离平衡态的开放系统，但它进一步指出系统从无序到有序转化的关键并不在于系统是平衡或非平衡，或是偏离平衡状态的远近，而在于组成系统的各个子系统之间的协同作用，即，不仅处于非平衡态的开放系统，而且处于平衡态的开放系统，在一定的条件下，都可呈现出宏观的有序结构。

协同学作为一门学科体系的提出是在个人理性分析的市场经济和文化氛围下形成的。创始人德国理论物理学家哈肯（Herman Haken）基于耗散结构理论，在1973首次提出“协同”概念，为了反映复杂系统的内部子系统之间的协调与合作，1997年又提出了“协同学”的理论框架。除构建了许多数学、物理模型外，还构建了许多社会现场、生态网络群体等模型，如“社会舆论模型”“人口流动模型”“生态群体模型”“形态形成模型”“经络模型”等。哈肯通过大量的类比和分析发现，系统的相变过程与子系统的性质无关，而是由子系统之间的关联所引起的协同运作的结果。也就是说，系统的许多子系统（通常属于一种或者几个不同种类）的相互联系、作用形成协同状态，并建立宏观标准上的构造和效力。协同定义可以表述为系统内部各个因素之间、因素和整个系统之间、系统与系统之间的一种相互作用模式和机制[52]。但是人们往往无法区分与“协同”意思相近的概念，包括集成、整合、协作、合作、匹配、和谐、协调或耦合、互动等，这几个词汇的区分见表 2–2。

协同及相关概念区分表　　表 2-2

词汇	英文	概念解释	核心要义
协同	Synergy	各子系统间的非线性复杂相互作用，以使整体实现其部分不能实现的效果	强调产生整体效果
集成、整合	Integration	为了完成组织目标或任务而使组织内部各子系统达成一致的过程	强调一致性、一体化
协作、合作	Cooperation Collaboration Alignment	由二人或多人一起工作以达到共同目的，即互相配合、共同完成某项任务	配合共同完成任务
协调	Harmonizing	配合得当、和谐一致	和谐
耦合	Coupling	因相互作用、相互影响而结合	结合
匹配	Fit；Matching	相互配合或搭配、适合	适合
互动	Interactive	相互作用的行为或过程	相互作用

2.3.2 系统序参量及其特征

协同学的核心概念之一是序参量。序参量是系统内部产生的具有支配作用的变量，当一个开放系统的内部多个子系统之间存在无序状态时，各子系统之间具有较小的合作和竞争关系；在外界控制参量的作用下，当系统趋于变化的显著临界点时，各个子系统得以更加有序地联系起来，形成合作和竞争关系，这时便形成一个或多个序参量[53]。因此，序参量来源于系统协同和竞争，同时序参量主导和支配着整个系统活动。序参量出现，表明系统内部形成某一变量占支配地位的格局，这时子系统服从序参量支配或主导而变化和运动，进而使各个子系统相互影响演化成为更具关联与竞争的系统。如果没有序参量，则系统会处于杂乱无章的混沌状态。

序参量是描述系统有序程度的物理参量。序参量的基本特征如下：① 序参量是系统中各个因素之间相互影响、作用的结果；② 序参量能够体现系统中各因素的特性，是混合因素；③ 序参量对各因素发挥的作用起着决定性的支配作用，凌驾于各个因素之上；④ 序参量具有相对稳定性。序参量是系统中各因素中最缓慢变化的量，是慢变量，控制着整个系统，可以使系统从无序到有序。

2.4　循环经济理论

2.4.1　循环经济内涵

循环经济的思想萌芽几乎与环境经济、低碳经济、可持续发展经济有着类似的起源，其主张都是打破环境、资源瓶颈对社会经济增长的束缚，其实质是要实现人类与生态环境的融洽共存。循环经济理念的产生可以溯源到 20 世纪 60 年代因现代工业化大生产兴起而逐步显现出来的环境污染问题所引发的环境保护运动的崛起。美国经济学家鲍尔丁（K. E. Bolding）在《即将到来的宇宙飞船地球经济学》中主张建立既不会使能源枯竭，又不会破坏、污染生态环境，还能使各种资源循环利用的循环式经济，以代替过去的单程式线性经济，这种理论即为循环经济思想的根基。

在概念内涵上，现代循环经济是在经济增长与环境污染、资源消耗之间关系的基础上，以节约资源与提高环境效率为目标，以减量化和物质循环利用为技术手段，以制度创新为推动力，在经济合理、技术可行和满足市场需要的前提下，以废弃物排放最小化、资源利用效率最大化来实现经济持续增长的一种经济发展模式[54]。从技术角度看，反映 3R 原则（即减量化、再利用、再循环）的所有生产活动、消费活动都属于循环经济类别，例如生态工业、清洁生产、污染防治等，这是循环经济概念的广义内涵。从经济或体制层面来看，相当一部分广义循环经济中的活动可以通过创造市场，按照市场体制运行，这些按市场经济机制运作的活动都可以看作狭义的循环经济。

循环经济的理论基础是整体论、系统论、自组织理论和协同论[55]。整体论、系统论、自组织理论和协同理论的基本思想见表 2-3。依据冯之浚教授的看法，在研究和运用循环经济时，不仅要强调系统的策划和设计，并且要研究系统组织内的运转规律，为更好地运用循环经济提供参考意义。

相关理论基本思想的比较 表 2-3

整体论 Holism	整体具有其组成部分孤立状态中所没有的新特征、功能和行为。整体论要求人们在分析问题和解决问题时，不应当仅重视各个单元的作用，而应该把重点放在整体效应上
系统论 Systems Theory	系统论由相互作用和相互依赖的若干要素组成的具有确定功能的有机整体
自组织理论 Self-organizing Theory	自组织理论是研究客观世界中自组织现象的产生、演化等理论，循环是自组织演化的组织形式，相变和分叉体现了系统自组织演化方式的多样性，混沌和分形揭示了从简单到复杂的系统自组织演化的图景
协同学 Synergetics	协同学研究各种完全不同的系统在原理平衡时通过子系统之间的协同合作，从无序状态转变为有序状态的共同规律

2.4.2 循环经济与相关概念关系

循环经济与清洁生产、生态工业、可持续发展等相关概念从内容上看没有本质上的不同，区别仅在作用机制上和覆盖范围上。从环境保护涵盖的范围角度，循环经济与相关理念关系解释图如图 2-3 所示。

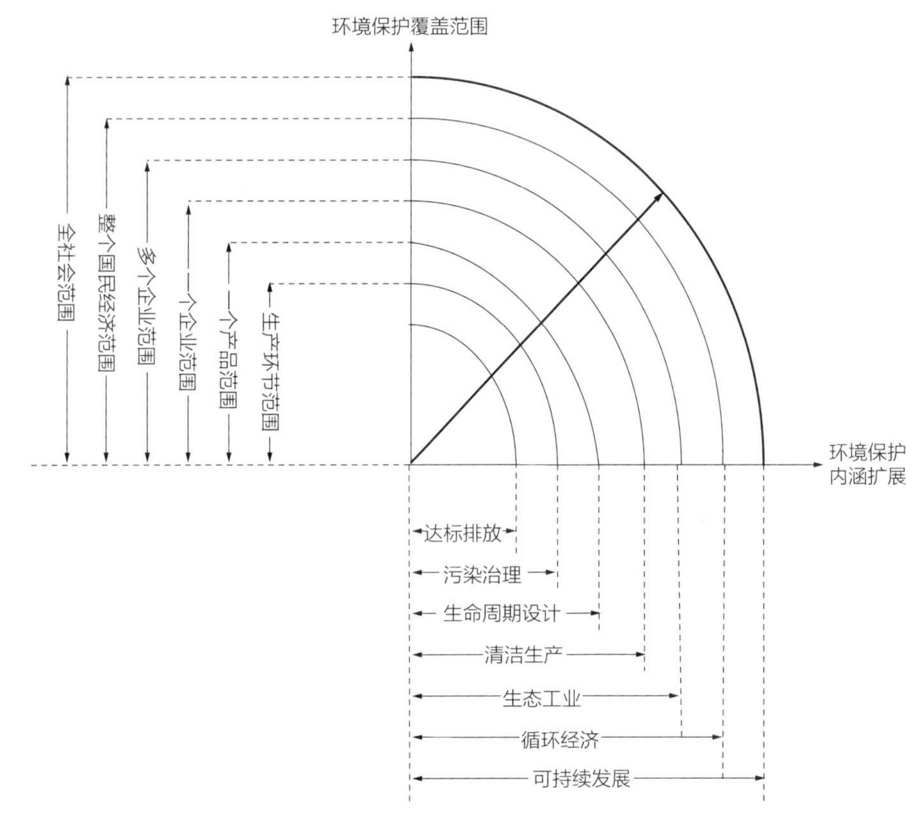

图 2-3 循环经济与相关概念关系解释图

2.4.3　绿色建造过程循环经济的技术体系

在可持续发展理论和循环经济理论的指导下，绿色建造追求从项目立项策划、可行性研究、设计、施工直到最后竣工验收、交付使用的全寿命期内各种建造活动中减少资源投入和废弃物排放，提高资源利用效率，反映了资源利用和环境保护的生产责任制。

绿色建造中循环经济的技术体系主要有：

（1）节能、节地、节水和节材技术。

（2）循环利用水资源技术。

（3）建筑废弃物资源化技术。

（4）循环共生产业链技术。

总的来说，绿色建造过程中循环经济的技术体系以 3R 为原则，通过建筑产品全寿命期的绿色化控制以及在部分施工生产工序过程中对物料转化的过程控制来达到资源能源节约、生态环境改善的目标，其结构框架如图 2–4 所示。

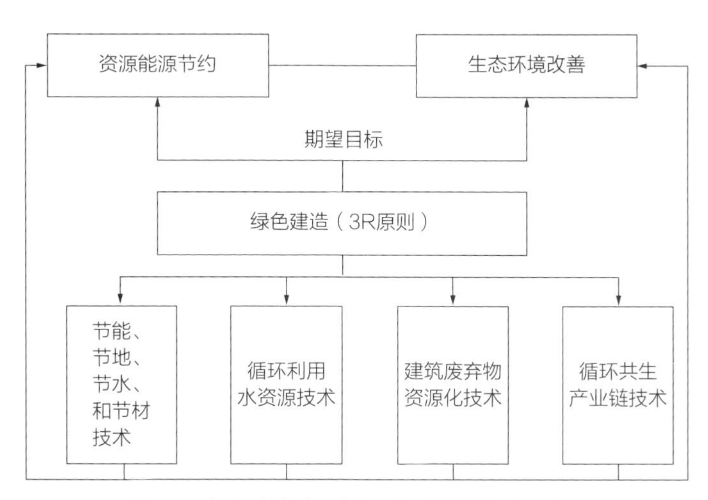

图 2-4　绿色建造过程中循环经济的技术体系结构

2.5　工业生产态学理论

2.5.1　工业生态学的内涵

工业生态学（Industrial Ecology，简称 IE）又称产业生态学，是一门研究社会生产活动中自然资源从源、流到汇的全代谢过程、组织管理体制以及生产、消费、调控行为的动力学机制、控制论方法及其与生命支持系统相互关系的系统科学。对开放系统的运作规律通过人工过程进行干预和改变，在一般的开放系统中，资源和资金经过一系列的运作最终结果是变成废弃物垃圾，而工业生态学所研究的就是如何把开放系统变成循环的封闭系统，使废弃物转为新的资源并加入新一轮的系统运行过程中。

工业系统也像自然生态系统那样需要在供应者、生产者、销售者和用户以及废物回收或处理之间存在密切的联系[56]。工业生态方法寻求的目标是按自然生态系统的方式来构造工业生产的技术关联基础，而自然生态系统的物质和能量循环则是高效率的和可持续的。在自然生态系统中没有真正的无利用价值的废弃物。一个工业生态系统也含有复杂的“食物链”，要使已经形成的产品、废弃物和副产品能够在一个多维的再循环利用系统中，在各工业产品生产体系（和消费者）之间进行互补性流动。工业生态学将废弃物重新定义为另一工业生产过程的原料。

工业生态学把整个工业系统当作一个生态系统来看待，认为工业系统中的物质、能源和信息的流动与储存不是孤立的简单叠加关系，而是可以像在自然生态系统中那样循环运行，它们之间相互依赖、相互作用、相互影响，形成复杂的、相互连接的网络系统。工业生态学通过“供给链网”分析（类似食物链网）和物料平衡核算等方法分析系统结构变化，进行功能模拟和分析产业流（包括输入流、产出流）来研究工业生态系统的代谢机理和控制方法。工业生态学的思想包含了“从摇篮到坟墓”的全过程管理系统观，即在产品的全寿命周期内不应对环境和生态系统造成危害，产品寿命周期包括原材料采掘、原材料生产、产品制造、产品使用以及产品用后处理。

2.5.2　工业生态学的特点

系统分析是产业生态学的核心方法，在此基础上发展起来的工业代谢分析和寿命周期评价是工业生态学中普遍使用的有效方法。工业生态学以生态学的理论观点考察工业代谢过程，是根据从取自自然环境到返回自然环境的物质转化全过程，研究工业活动和生态环境的相互关系，以研究调整、改进当前工业生态链结构的原则和方法，用以建立新的物质闭路循环，使工业生态系统与生物圈友好兼容并持久生存、良性代谢下去。

工业生态学的基本特点：

（1）整体性。从全局和整体的视角研究工业系统组成部分及其与自然生态系统的相互关系和相互作用。

（2）全过程。充分考虑产品、工艺或服务全寿命期的环境影响，而不是只考虑局部或某个阶段的影响。

（3）长远发展。着眼于人类与生态系统的长远利益，关注工业生产、产品使用和再循环利用等技术潜在的环境影响。

（4）全球化。不仅要考虑人类工业活动对局部地区的环境影响，还要考虑对区域性和全球性环境的重大影响。

（5）科技进步。科技进步是工业系统进化的决定性因素之一，工业应从自然生态系统的进化规律中获得知识，逐步把现有的工业系统改造成为符合可持续发展要求的系统。

（6）多学科综合。工业生态学具有典型的多学科性特点，涉及自然科学、工业技术和人文科学等许多学科。各学科从各自不同的角度研究工业生态学，是全面推进工业生态学的必要条件。

需要强调的是，工业生态学的研究思路是以整体论为基础的，这种思路完全不同于研究“微观”问题的还原论的思路。所以，为了开展工业生态学方面的工作，必须具备从系统的角度看问题的思维。

我国建筑业是典型的劳动密集型产业，在建筑产品设计、施工生产、交付运营的全寿命期过程中存在较大的资源浪费和污染排放现象，遵循工业生态学原则，探索持续、健康和高质量绿色发展道路具有巨大的潜力，对于打造中国建造品牌具有重大意义。

2.6　绿色发展理论

2.6.1　绿色发展理念及理论内涵

1. 绿色发展理念的提出

工业革命造就了基于社会分工和专业化协作的现代大规模生产体系。随着人类大批量生产、大幅度消费的升级，必然产生向自然界攫取更多的资源、排放更多的污染物的现象，导致生态环境破坏、能源资源日益枯竭，人类社会的发展难以为继。因此，人类开始反思传统的大工业生产和经济发展模式的弊端，积极寻求既能提高经济效益，又能保护资源，改善环境的新型发展道路。由此可持续发展理论应运而生并逐步在全球范围内取得共识。在概念的内涵上，绿色发展与可持续性发展有着共同的本质属性。

在当代中国，绿色发展理论是习近平新时代中国特色社会主义思想的重要组成部分。绿色发展理论更凸显出习近平新时代中国特色社会主义思想在现代化进程语境下的特有蕴涵。以“两山”理念为代表的绿色发展理论是习近平生态文明思想的重要内容。党的十八大以来，以习近平同志为核心的党中央在推动生态文明建设和生态环境保护的过程中形成了系统、科学的理论体系，贯穿其中的就是绿色发展这一新发展理念，即正确处理人与自然的关系，以绿色发展理念为引领，推进生态文明建设。

2005 年 8 月，习近平总书记在浙江省工作期间明确提出了“绿水青山就是金山银山”的科学论断。绿水青山是实现源源不断的金山银山的基础和前提，生态环境和生态产品既是经济资源，也可以转化为金山银山。绿色发展观是“两山”理念的精神实质。绿色发展贯穿于创新发展、协调发展、开放发展、共享发展的各方面和全过程。习近平总书记反复强调，绿色发展是生态文明建设的必然要求，推动形成绿色发展方式和生活方式是发展观的一场深刻革命，中国坚持走生态优先、绿色低碳的发展道路。习近平总书记多次指出，绿色发展是构建高质量现代化经济体系的必然要求，是解决污染问题的根本之策；要坚决摒弃以牺牲生态环境换取一时一地经济增长的做法，让良好生态环境成为人民生活的增长点、成为经济社会持续健康发展的支撑点、成为展现我国良好形象的发力点。习近平总书记关于绿色发展理念的一系列重要论述，深刻揭示了经济社会发展与生态环境保护的关系、绿色发展理念与生态文明建设的关系，为我国经济社会发展和生态文明建设提供了根本遵循。

2. 绿色发展的理论内涵

绿色发展是以效率、和谐、持续为目标的经济增长和社会发展方式。绿色发展与可持续发展在思想上是一脉相承的，既是对可持续发展的继承，也是可持续发展中国化的理论创新，更是习近平新时代中国特色社会主义思想应对全球能源危机和生态环境恶化客观现实的重大理论贡献，符合历史潮流的演进规律。

从内涵看，绿色发展是在传统发展道路基础上的一种模式创新，是建立在生态环境容量和资源承载力的约束条件下，将环境保护作为实现可持续发展重要支柱的一种新型发展模式。具体包括以下几个要点：一是要将环境资源作为社会经济发展的内在要素；二是要把实现经济、社会和环境的可持续发展作为绿色发展的目标；三是要把经济活动过程和结果的“绿色化”“生态化”作为绿色发展的主要内容和途径；四是要实行生产过程资源的减量化使用和循环利用；五是要实行清洁生产，消除生产过程中的废弃物排放和环境污染。

2.6.2　马克思关于废弃物再循环利用的论述

在马克思、恩格斯的经典著作中，至少有 300 多处关于人与自然、环境保护、物质变换和能量转换、废弃物再循环利用等方面的论述。马克思认为，废料几乎在每一个产业的再生产过程中都起着重要的作用。马克思指出：“关于生产条件节约的另一大类，情况也是如此。我们指的生产排泄物，即所谓的生产废料再转化为同一个产业部门或另一个产业部门的新的生产要素；这是这样一个过程，通过这个过程，这种所谓的排泄物就再回到生产从而消费（生产消费或个人消费）的循环中。”“由于大规模社会劳动所产生的废料数量很大，这些废料本身才重新成为商品的对象，从而成为新的生产要素。这种废料，只有作为共同生产的废料，因而只有作为大规模生产的废料，才对生产过程有这样重要的意义，才仍然是交换价值的承担者。”“这种废料—撇开它作为新的生产要素所起的作用—会按照它可以重新出售的程度降低原料的费用，因为正常范围内的废料，即原料加工时平均必然损失的数量，总是要算在原料的费用中。在可变资本的量已定，剩余价值率已定时，不变资本这一部分的费用的减少，会相应地提高利润率。”① 马克思的这些论述给我们三点启示：一是废弃物的循环利用转化为生产要素，是生产条件的节约；二是废弃物的循环利用在具备一定规模时才有经济意义；三是废弃物的循环利用可以提高利润率。

另外，马克思还区分了两种不同类型的节约，即废弃物利用率和资源利用率。马克思说：“应该把这种通过生产排泄物的再利用而造成的节约和由于废料的减少而造成的节约区别开来，后一种节约是把生产排泄物减少到最低限度和把一切进入生产中去的原料和辅助材料的直接利用提到最高限度。”② 可见，按照马克思的见

① 中央编译局. 马克思恩格斯全集：第 25 卷［M］. 北京：人民出版社，1980：95.
② 中央编译局. 马克思恩格斯全集：第 25 卷［M］. 北京：人民出版社，1980：118.

解，利用废弃物应当建立在对原材料高效使用的基础上，并且首先是要最大限度地提高原材料利用率和减少废弃物，马克思所论述的废弃物循环利用原理与循环经济“减量化”原则是完全吻合的，对于绿色建造过程资源循环利用具有重要的指导意义。

第 3 章

建筑垃圾自消解原理与资源循环利用系统

3. 1　绿色建造过程建筑垃圾自消解原理

3. 1. 1　古代工程建设案例的启示

北宋时期的科学家沈括（1031—1095 年）在《梦溪笔谈》中描述了一个工程建设项目的经典案例。

宋真宗大中祥符年间（1008—1016 年），京城开封皇宫被焚，大量的宫殿、楼台变成了废墟。皇帝委派大臣丁谓负责主持重建和修缮工程，并要求限期完成。

丁谓深知皇宫重建的工程浩大，要在规定期限内完成这项重大的建设工程，面临着三个大问题：一是要清理大量的废墟垃圾，从城外取来大量新泥土烧制砖瓦、修建地基基础工程。从皇宫重建施工现场到城外取土的地点距离太远，费工费力。二是要从外地运来大批砖瓦、木石等建筑材料。三是最后还要把废料、瓦砾、污土等建筑垃圾运出城外。对于当时，不论是运走垃圾还是运来建筑材料，都存在繁重的运输问题。如果安排不当，施工现场会杂乱无章，正常的交通和生活秩序都会受到严重影响。因此，丁谓制定了以下工程建设施工方案。

第一步，“取土铺基”。丁谓命令施工队伍在城里通往城外的大道上取土，把挖出来的泥土用于烧制砖瓦，并作为施工需要的新土用来铺设皇宫的地基，这就解决了新土来源的问题。此时道路被取土后成了宽大的深沟。

第二步，“开河引水”。就是把取土造成的深沟与城外的汴水河挖通，原来的大道成了一条河，这条河和汴水河相通（图 3–1），可以利用木筏及船只运送木材、石料，解决了木材、石料等建筑材料的运输问题。于是，外地的大批建筑材料可以沿着这条河一直运到皇宫修建工地旁边，使取用材料极为方便。在这样的条件下，工程建设日夜不停连续施工，工期进展很快。

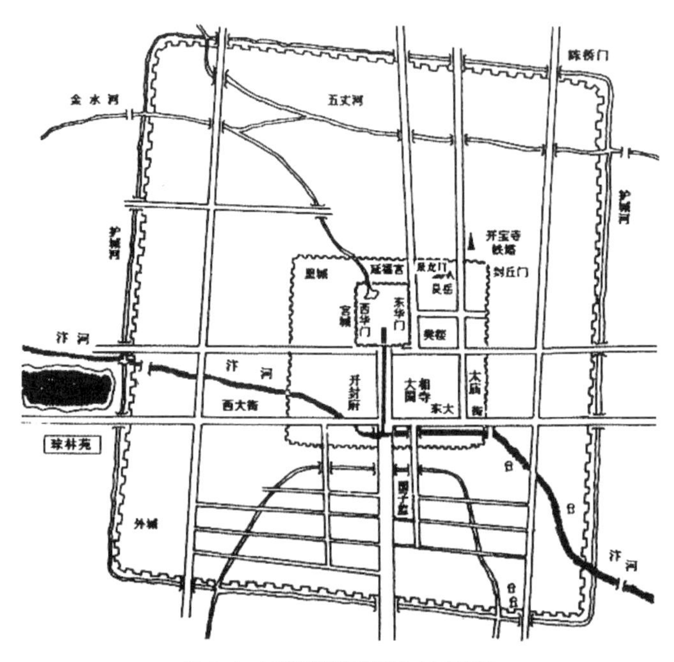

图 3-1　丁谓修建皇宫引水示意图

第三步，“填沟断水”。在等到建设皇宫用的建筑材料运输任务完成之后，把汴水河与深沟截断，在排水之后，把工地上的建筑垃圾、其他废料全部填埋深沟，使深沟重新变为道路，恢复原貌。这就解决了施工垃圾的清理问题。

丁谓的这套施工方案的总体部署简单地归纳起来就是：挖沟（取土）→引水入沟（水道运输）→填沟（处理垃圾）。按照这个施工方案，创造了投入少、工期短、成本低、效益好的工程建设典范。同时，在该项工程建设过程中，采用回填方式将建筑垃圾进行资源化利用。

这是我国古代大规模工程建设在施工组织方面运用系统思想统筹进行施工策划并实施的典型案例。其中，也蕴含了在施工现场对建筑垃圾进行自消解处理的朴素思想。对建筑垃圾的处理，立足于将其消纳在建筑产品的施工生产过程。也就是说，并不把某一工序或施工部位产生的废弃物作为无用的垃圾，而是将其作为其他工序或施工部位的具有使用功能或辅助功能的建筑材料，即建筑垃圾的资源化循环利用。在整个工程完工后，并没有产生向外界环境排放的固体废弃垃圾，也就是利用施工过程中前后工序或其他并行工序、交叉工序之间的技术关联性和功能关联性自行消解建筑垃圾，达到固体废弃物零排放的效果。

3.1.2 绿色建造过程建筑垃圾自消解的可行性

建筑垃圾是在对建筑物实施新建、改建、扩建或者是在拆除过程中产生的固体废弃物。根据建筑垃圾的产生源的不同，可以分为施工建筑垃圾和拆除建筑垃圾。施工建筑垃圾顾名思义就是在新建、改建或扩建工程的施工过程中产生的固体废弃物，而拆除建筑垃圾就是在对建筑物进行拆迁、拆除时产生的建筑垃圾。本课题研究所讨论的建筑垃圾主要是指施工过程中产生的垃圾。

1. 建筑垃圾的危害性

建筑垃圾对我们的日常生活环境会产生较大的侵害作用，对于建筑垃圾如果长期实行放任不管的态度，那么对于城市环境卫生、生活居住条件、土地质量评估等都有恶劣影响。大量的建筑垃圾堆放在土地上，会占用土地，恶化土壤的质量，降低土壤的生产能力；建筑垃圾堆放于空气中，影响空气质量，一些粉尘颗粒会悬浮于空气中，有害于人体健康；建筑垃圾在堆放过程中，长时间的堆积使建筑垃圾的有害物质渗入地下水域，污染水资源；如果建筑垃圾在城市区域中堆放，对城市环境、美观度都不利；建筑垃圾的堆放可能存在某些安全隐患，随时会发生一些安全和污染事故。

（1）建筑垃圾随意堆放易产生安全隐患

大多数城市建筑垃圾堆放地的选址在很大程度上具有随意性，留下了不少安全隐患。施工场地附近多成为建筑垃圾的临时堆放场所，由于追求施工方便和缺乏应有的防护措施，在外界因素的影响下，建筑垃圾堆出现崩塌，阻碍道路甚至冲向其他建筑物的现象时有发生。在城市郊区，坑塘沟渠多成为建筑垃圾的首选堆放地，这不仅降低了对水体的调蓄能力，也导致地表排水和泄洪能力的降低。

（2）建筑垃圾对水资源污染严重

建筑垃圾在堆放和填埋过程中，由于发酵和雨水的淋溶、冲刷，以及地表水和地下水的浸泡而渗滤出的污水——渗滤液或淋滤液，会造成周围地表水和地下水的严重污染。垃圾堆放场对地表水体的污染途径主要有：垃圾在搬运过程中散落在堆放场附近的水塘、水沟、河流中；垃圾堆放场中淋滤液在地表漫流，流入地表水体中；垃圾堆放场中淋滤液在土层中会渗入附近地表水体。垃圾堆放场对地下水的影响则主要是垃圾污染随淋滤液渗入含水层，其次由受垃圾污染的河湖坑塘渗入补给含水层造成深度污染。垃圾渗滤液内不仅含有大量有机污染物，还含有大量金属和非金属污染物，水质成分很复杂。一旦饮用这种受污染的水，将会对人体造成很大的危害。

（3）建筑垃圾影响空气质量

随着城市经济和规模的不断发展，大量的建筑垃圾随意堆放，不仅占用土地，而且污染环境，并且直接或间接地影响着空气质量。目前我国的建筑垃圾大多采用填埋的方式处理，然而建筑垃圾在堆放过程中，在温度、水分等作用下，某些有机物质发生分解，产生有害气体，如建筑垃圾废石膏中含有大量硫酸根离子，硫酸根离子在厌氧条件下会转化为具有臭鸡蛋味的硫化氢，废纸板和废木材在厌氧条件下可溶出木质素和单宁酸并分解生成挥发性有机酸，这种有害气体排放到空气中就会污染大气；垃圾中的细菌、粉尘随风飘散，造成对周边空气的污染；少量可燃建筑垃圾在焚烧过程中又会产生有毒的致癌物质，造成对空气的二次污染。

（4）建筑垃圾占用土地、降低土壤质量

随着城市建筑垃圾量的增加，垃圾堆放点不断增加，垃圾堆放场的面积也在逐渐扩大。垃圾与人争地的现象已到了相当严重的地步，大多数郊区垃圾堆放场多以露天堆放为主，经历长期的日晒雨淋后，垃圾中的有害物质（其中包含有城市建筑垃圾中的油漆、涂料和沥青等释放出的多环芳烃构化物质）通过垃圾渗滤液渗入土壤中，从而发生一系列物理、化学和生物反应，如过滤、吸附、沉淀，或为植物根系所吸收，或被微生物合成吸收，造成郊区土壤的污染，从而降低了土壤质量。

此外，露天堆放的城市建筑垃圾在种种外力作用下，较小的碎石块也会进入附近的土壤，改变土壤的物质组成，破坏土壤的结构，降低土壤的生产力。另外城市建筑垃圾中重金属的含量较高，在多种因素的作用下，将发生化学反应，使得土壤中重金属含量增加，这将使农作物和其他各类植物中重金属含量提高。受污染的土壤，一般不具有天然的自我净化能力，也很难通过稀释扩散办法减轻其污染程度，必须采取耗资巨大的改造土壤的办法才能解决。

2. 建筑垃圾的回收利用方式

随着城市化进程的不断加快，城市中建筑垃圾的产生量和排放量也在快速增长。人们在享受城市文明的同时，也在遭受城市垃圾所带来的烦恼，其中建筑垃圾就占有相当大的比例，约占垃圾总量的30%～40%。因此，如何处理和利用越来越多的建筑垃圾，已经成为各级政府部门和建筑垃圾处理单位所面临的一个重要难题。建筑垃圾中的废弃物经分拣、剔除或粉碎后，大多数可以作为再生资源重新利用，主要有：

（1）利用废弃建筑混凝土和废弃砖石生产粗细骨料，可用于生产相应强度等级的混凝土、砂浆或制备诸如砌块、墙板、地砖等建材制品。粗细骨料添加固化类材料后，也可用于公路路面基层。

（2）利用废砖瓦生产骨料，可用于生产再生砖、砌块、墙板、地砖等墙体材料制品。

（3）渣土可用于筑路施工、桩基填料、地基基础及回填土等。

（4）对于废弃木材类建筑垃圾，尚未明显破坏的木材可以直接用于在建建筑，破损严重的木质构件可作为木质再生板材的原材料或造纸等。

（5）废弃路面沥青混合料可按适当比例直接用于配制再生沥青混凝土。

（6）废弃道路混凝土可加工成再生骨料用于配制再生混凝土。

（7）废钢材、废钢筋以及其他废金属材料可直接再利用或回炉加工。

（8）废玻璃、废塑料、废陶瓷等建筑垃圾视情况区别利用。

（9）废旧砖瓦为烧结黏土类材料，经破碎碾磨成粉体材料时，具有火山灰活性，可以作为混凝土掺合料使用，替代粉煤灰、矿渣粉、石粉等。

3. 基于自消解思路的建筑垃圾利用途径

从上述建筑垃圾的处理和回收利用方式的类型可以看出，施工现场的绝大多数废弃物都是可以作为资源再回收利用的。但是，当建筑垃圾利用的思路和方式不同时，其产生的综合效果也会大不一样。目前，比较流行的做法是将建筑垃圾进行科学的回收、拆分、筛选、冶炼还原其原始性能。通过形成社会化的建筑垃圾再生产业，把建筑垃圾运出施工现场进行集中加工处理，以建筑垃圾为主要原材料，经过物理的或化学的再制造过程，生产出满足某种性能要求的新型建筑材料产品，并作为再生原料重复使用。

（1）影响建筑垃圾产业化再生利用的因素

目前，阻碍我国建筑垃圾回收利用产业化发展的原因很多，但主要原因有四个方面。一是缺乏配套的法规及产业政策。从事建筑垃圾回收利用行业的企业，除国家对建筑节能材料在财政、税收等方面的优惠政策外，无实际性的地方财政、税收及其他强有力的激励措施。先行进入该领域的企业，经营状况比较艰难，都在等待国家层面出台相关扶持政策。这些企业目前主要存在以下困难：最基本的投资回报和企业发展积累得不到保障，原材料的供应不稳定，消费者对再生产品内在质量和环保问题存在顾虑等，这些困难都需要政策予以实质性的支持。因此，要促进建筑垃圾回收利用产业的发展，建立配套的法规及产业政策是当务之急。二是消费者对含“建筑垃圾”概念的再生产品心存疑虑。由于存在“建筑垃圾”这个概念，导致建筑垃圾循环利用产业链在原料采集使用和销售渠道上出现了两个障碍。一方面，因缺乏行业质量标准，建筑企业不敢大胆使用以建筑垃圾为原料的再生砖，担心产品的质量问题；另一方面，客户对以“建筑垃圾”为原料的再生产品存在恐惧和排斥心理。抽样调查数据显示，有 46% 的被调查者表示担心产品中含有危害健康的物质，对再生产品明确表示排斥；有 31% 的被调查者认为，只要产品符合国家的相关标准，且重金属、放射性物质和其他有害物质的含量对人体健康不产生危害，可以考虑使用；有 17% 的被调查者，表示支持使用再生环保产品，有 6% 的被调查者表示无所谓。三是在产业链的关键节点上存在诸多阻梗：① 在项目设计阶段无建筑垃圾处理处置预算，产生的建筑垃圾无处置费用。② 新建项目无使用再生建材的硬性指标。这使再生建材的销售渠道缺乏制度安排上的出口，仅依靠市场的力量，再生建材很难与正常原材料条件下生产的建材竞争。③ 没有建筑垃圾资源化的制度规定，没有强制性的资源化规定，填埋场就成了建筑垃圾的归宿。填埋场一般由政府主管部门采取收费制度经营，这就使资源化再生利用企业难以得到充足的原材料。④ 缺乏再生产品质量标准。再生产品难以名正言顺进入市场，市场化道路受阻。⑤ 对积极采用再生产品的建设项目没有激励政策。由于再生产品的特殊性，需要政府引导项目业主积极采用以建筑垃圾为原料的再生产品，如果政府给予采用再生产品的业主一定的奖励，将会大力推动再生建材的消费。四是再生建筑材料产品效益较低。采用再生材料制成的产品，在市场上的销售价格往往比使用天然材料的产品要低，企业利润微薄，需要有一定的财政补贴和税收优惠扶持才能调动更多企业进入这个行业的积极性。同时再生产品的原材料及再生产品的运输距离对加工场地的要求具有一定的经济性选择，城市建设规划时没有给建筑垃圾再生产的企业留有土地空间，企业在场地选址时，就只能在城市郊区寻找建厂地段。运输距离过长增加的成本，削弱了产品的盈利能力。

（2）建筑垃圾自行消解的优势。

采用在建筑产品建造过程中自行消解建筑垃圾的系统化思路，可以弥补上述建筑垃圾产业化发展中存在的问题。一是建筑垃圾自行消解原理的立足点在于把建筑垃圾消除在建筑施工过程和施工现场之内，尽量减少建筑垃圾的外部排放，既提高资源的利用效率，又减少垃圾排放对环境的污染和破坏；二是建筑垃圾的自行消解基于系统理论、协同理论、工业生态理论、循环经济理论、绿色建造理论等基本原理，减少建筑垃圾的产生是基点，产生垃圾后在现场回收利用是重点，在多个层级上消除建筑垃圾；三是由于建筑垃圾自行消解主要聚焦在施工生产过程，建筑垃圾只在施工现场内部流转，建筑垃圾的运输距离大大缩短，二次污染的可能性大大减少；四是由于建筑垃圾的处置是在封闭的施工现场范围内进行分类、收运、加工一体化作业，就地就近循环使用，只涉及内部的技术经济政策和激励措施问题，较少涉及社会经济政策的调整和行业层面规范的制定，减少了社会层面管理成本和制度成本。

（3）建筑垃圾自行消解的可行路径

施工现场的废弃建筑垃圾，可以采取不同的消纳路径。第一种情形，施工总承包单位将建筑垃圾中的有用物品就地循环使用在工程实体和施工辅助过程。为减少循环利用成本，由专业施工企业利用移动式设备，就地加工为成品或半成品，供应该工程建造过程的某个工序使用。第二种情形，如果不能完全就地消化，则将其运送到施工场地之外的从事建筑垃圾处理的专业企业进行再加工，作为再生产品的原材料。第三种情形，无利用价值的垃圾或者有害的建筑垃圾则运送到垃圾处理场所进行无害化处理。

按照建筑垃圾自行消解的原理和思路，从建筑产品建造全过程的角度，以工程设计为切入点，系统地、全面地筹划建筑垃圾的自行消解路径。根据建筑产品生成过程中在地下结构、主体结构、基础回填、机电安装、装饰装修、室外市政等不同施工阶段、不同施工工序的建筑材料和资源消耗的规律性，构建建筑垃圾自消解的逻辑关系和技术实现体系。以设计为龙头，覆盖施工过程，优化建筑材料使用结构，建筑垃圾的自行消解处置具有较大的空间范围。就目前国内的建造技术手段和生产设备水平，在具备一定的基础和前提条件下，对建筑垃圾进行现场再加工成各类建材产品，将其就近应用于建设工程实体本身的处理模式，在技术上是可行的，在经济上是合理的。因此，基于自行消解原理的建筑垃圾处理的可行路径选择重点在于第一种情形，而尽量避免使用第二种情形和第三种情形。即，建筑垃圾自行消解是绿色建造过程资源循环利用的最佳路径。

3.2 绿色建造过程资源循环利用系统

绿色建造过程资源循环利用系统包括施工现场资源循环利用系统、建筑垃圾减量化系统、建筑垃圾末端处置系统，其中建筑垃圾减量化系统又包括绿色策划阶段建筑垃圾减量化、绿色设计阶段建筑垃圾减量化以及绿色施工阶段建筑垃圾减量化。

3.2.1 绿色建造过程可循环利用资源的界定

在绿色建筑产品的生成过程中，对各类建筑材料、水、能源等资源进行回收利用，是提高资源利用效率、降低成本、减少废弃物排放和减少环境污染的有效途径。

1. 可循环利用的水资源

循环利用水资源是指对于建造过程中产生的废水进行收集和处理，以期实现循环利用。废水的主要来源为开挖工程、钻机过程中产生的膨润土浆、泥水，清洗车辆用水，工地上的泥水，雨水，食堂、厕所、浴室废水等，这些污水如果任意排倒，会造成环境污染。

2. 可循环利用的建筑垃圾

建筑垃圾是指在新建、改建、扩建、拆除、加固各类建筑物、构筑物、管网等以及居民装饰装修房屋过程中产生的废物料[27]。可以依据物质形态把建筑垃圾分为固态废弃物、液态废弃物和气态废弃物。固态废弃物产量多且易无害化处理，所以我们通常所说的建筑垃圾是固态废弃物，主要包括建筑渣土、混凝土、散落的砂浆、废砖瓦，以及少量钢材、木材、玻璃、塑料、各种包装材料，大部分经过分拣、剔除、破碎后可以再循环利用。

本文所研究的资源循环利用主要指新建建筑垃圾中渣土、碎砖、混凝土、砂浆、钢筋、桩头、废模板、包装材料等资源的回收利用，如图3-2所示。本文对建筑垃圾中可循环利用资源的处理思路为：① 建筑垃圾减量化；② 建筑垃圾资源化。

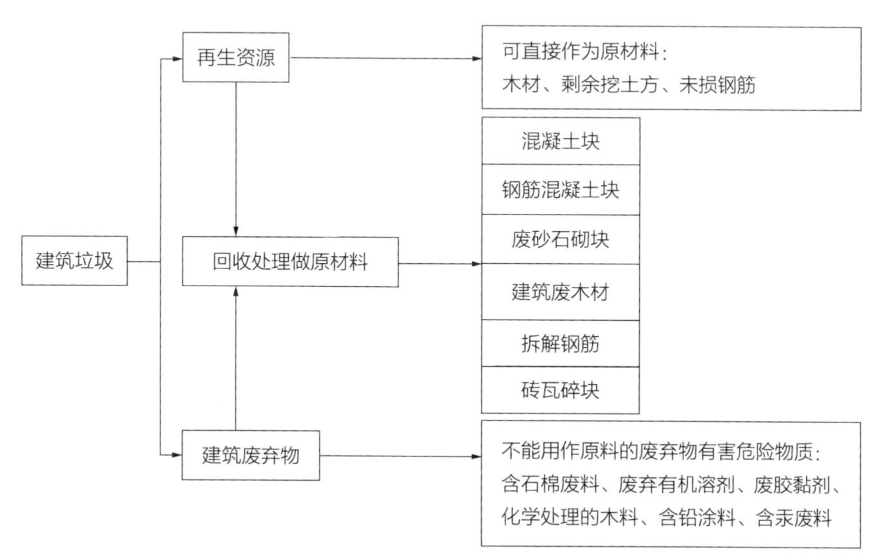

图3-2　建筑垃圾的循环利用

3.2.2　施工现场资源循环利用系统

1. 施工现场水资源循环利用系统

对于一般的工业与民用建设工程，在工程项目的施工过程中用水量大，主要用水项目见表3-1。建立高效汇集、利用、循环项目用水系统，可以实现绿色施工的目标，减少用水量和提高水资源利用率。

施工现场主要用水项目　　表3-1

用水项目	备注
现场施工用水	混凝土养护、模板清理、降尘、二次结构等相关项
现场生活用水	厕所冲洗、洗手池等相关项
机械用水	混凝土运输车清洗、洗车池、切割机等相关项
生活区用水	厕所冲洗、道路清洗等相关项

施工现场水资源循环利用系统如图3-3所示[57]。对施工现场水资源处理的子系统和技术措施主要有：

（1）雨水收集系统。对施工现场进行一系列规划，包括施工现场的绿化、硬化处理等，对天然雨水截流、排水系统进行规划。施工现场需要注意建筑垃圾的及时清理，避免下雨时，雨水受到二次污染。在雨水收集的过程中，可对雨水进行必要的过滤。如在截流渠上安装沉淀池，在集水器终端放置一定数量的小石块、石英砂等，起到一定的过滤作用。

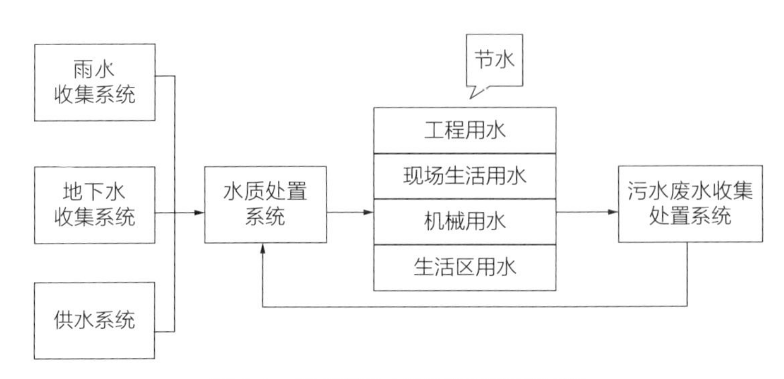

图 3-3 施工现场水资源循环利用系统

（2）地下水收集系统。在施工现场的基础工程施工阶段中，对于基坑排水系统抽取的水源，可以采用降排水设施及拼装式水箱进行收集与再利用，此类水源可以用于生活用水以及消防用水。基坑的周围布设渗水花管，并在一定距离内设置取水点，将渗水花管与之连接，抽水泵将取水点的水定期抽取，将抽取的水经沉淀后引入蓄水池。对于集水井、电梯井深基坑位置的返潮水，施工现场应布设网管，利用水泵将水抽取至取水点。

（3）水资源利用过程的节水措施。对于中水的再利用，如对砂石骨料进行冲洗，可利用润湿槽将多余水经沉淀后用水泵抽取并继续用于施工材料的湿润；或用于其他符合标准的施工用水中，如瓷砖砌体等材料在使用前对其表面进行润湿，对于混凝土的养护可采用一般喷雾、人工洒水；对于现场道路的防尘，可采用自动洒水器。

（4）施工污水、废水处理系统。对于施工过程产生的污水、废水，可用于设备清洗、混凝土材料中。对于设备调试与生活区污水，需要经过专门处理，达到排放标准后方可排出。常见的施工污水、废水处理措施如下：将污水进行分类，在污水处理前对其取样，然后确定其处理措施。对含泥沙类较多的污水，可采用多级沉淀；对于生活区的污水，可通过化粪池进行处理；对于特殊污水，如污染严重的污水，应向当地环保部门报告并根据相关规定作相应处理。

2. 施工现场建筑垃圾循环利用系统

通过绿色建造新技术可以减少施工场地建筑垃圾的产生，而对产生的建筑垃圾，可以运用建筑垃圾处理设备将其消化，作为再生资源重新利用。主要施工工艺和施工阶段可能涉及的建筑垃圾种类有：在地基工程开挖阶段产生的土方、淤泥、石方、桩头、碎砖等；在桩基工程施工阶段产生的土方、泥浆、散落的混凝土等；在混凝土工程施工阶段产生的钢筋废料、洒落的混凝土、水泥袋等；在墙与地面工程施工阶段产生的落地灰、水泥浆、边角料、废料铜等；在屋面工程施工阶段产生的废弃卷材边角料、废沥青、废料桶等；在预应力工程施工阶段产生的废预应力筋、废塑料皮、混凝土渣、剩余灌浆料等。

目前，施工现场建筑垃圾回收利用的技术体现在以下几方面：一是原理的可行性。建筑垃圾的物质形态和化学组成与建筑物实体的构成是一致的，虽然现场施工过程由多个阶段组成，但所产生的建筑垃圾有很大的共同性，可以通过一定的技术和工艺手段把建筑垃圾改变为建筑物实体或其配套设施的组成部分。二是工艺技术的可行性。在施工现场回收利用建筑垃圾的工艺技术相对比较简单，不需要复杂的化学反应工艺。三是机械设备的可行性。即只需要配置简易的加工设备和较小负荷的动力，就能够制造现场需要的产品。四是场地的可行性。在施工现场可以利用的空间较多，能够布置建筑垃圾回收利用的加工设备系统。

施工现场建筑垃圾中的许多废弃物经过回收、分拣、集中处理后，大多可以作为再生资源重新利用。例如，金属类建筑固体废弃物（比如钢筋、铁丝等）可以经分拣收集、重新熔制加工后，制成不同规格钢材；废木材等可以造人工木材；砖石、混凝土、破碎砌块等经粉碎加工后，可以作为替代砂石用于混凝土垫层、砂浆等，也可以作为原料用于砌块、砖等建材产品的制作，这些都依赖于处理建筑垃圾设备的技术能力。

在推行绿色施工的政策规制下，施工现场都会配备防止污染、保护环境的设施。例如，楼层临时垃圾清运通道采取封闭式，且在垃圾通道的底端设置了垃圾池和防护棚，能够有效地抑制现场清运垃圾时所扬起的尘土扩散，保护施工现场环境。废弃混凝土、砂浆等的回收利用采用现场粉碎、搅拌、制块即可完成，减少了大量能源消耗和污染，具有实际可操作性和无害性。

3.2.3　建筑垃圾减量化系统

1. 绿色策划、绿色设计阶段建筑垃圾减量化

在绿色策划阶段，投资方或建设单位根据“四节一环保”的理念进行绿色建筑产品的开发，规划绿色建造过程，选择基于绿色理念的供应商、设计单位、总承包商等，并且从资金、技术、指导工作等方面给予大力支持，从源头上把建筑垃圾的

产生消除在摇篮里。

在建筑设计阶段，主要受业主方干扰和设计人员能力等因素影响，可能出现设计不合理、设计失误、材料选择不当等问题，致使之后在施工过程或者将来建筑物的运维和改造中产生大量建筑垃圾。设计人员可以利用科学的设计过程提高设计的完整性和准确性，减少因为设计问题而产生的资源浪费。建筑垃圾减量化的策略，国内通常是应用标准化尺寸和单元、应用规范型材减少切割以及预制构件的使用。目前国外较常用的建筑垃圾减量化设计策略还有垃圾测算的可行性研究，而国内较少使用，究其原因是法律法规没有明确的要求和无有效估算建筑垃圾的高精度模型[58]。

2. 绿色施工阶段建筑垃圾减量化

建筑施工单位在整个施工过程中依据“降在源头”的指导理念，采用设计和施工组织优化措施削减建筑垃圾的产生和排放，即为建筑垃圾源头减量化模式。

（1）通过绿色建造新技术减少建筑垃圾产量。例如装配式建筑技术，在工厂内采用预制技术批量生产配件，避免模板封底的封底砂浆的浪费；建筑信息建模技术，构建可以虚拟施工、成本操控、施工过程监控的施工建模，尽早发现图纸失误和设计缺陷，避免由于施工过程中没有控制好而造成尺寸偏差、质量问题所导致的材料浪费和产生建筑垃圾；铝合金模板技术以及装配式低位顶升模架技术等。

（2）通过优化施工方案减少建筑垃圾产出量。例如在砌筑和浇筑前精准计算工作量，并将相关数据的计算结果编写入搅拌控制方案；责任工程师或工长严格监督钢筋工按规范加工，合理利用下脚料；对搅拌相关责任人进行方案交底，严格控制水泥砂石占比；利用散装水泥、预制混凝土砂浆。对施工人员进行绿色施工教育，及时规整模板及各种构件，防止变形和锈蚀，延长其使用寿命。

（3）采用绿色建材减少建筑垃圾产生。绿色建材产品有轻骨料混凝土隔板墙、石膏空心砌块等，对比传统建材具有无污染、低耗能、可重复使用的特点。

3.2.4 建筑垃圾末端处置系统

建筑垃圾通过专门从事废弃物处置的企业进行“末端”资源化再加工回收利用，或者通过运输至适宜的地点进行简单填埋。然而这种方式的运行管理费用高，需要规模经济，降低成本，增强市场竞争力，且会产生二次污染，难以维持长期稳定的正常运营。

综上分析，建筑垃圾资源化循环利用系统及相关利益主体运行模型如图 3–4 所示。本研究重点是充分利用建筑垃圾的自行消解原理，立足于垃圾资源化处置的循环利用协同机制，把建筑垃圾消除在绿色建造过程之中。建筑垃圾“零排放”具有明显的经济效益、社会效益和环境效益，是绿色建造的根本目标和发展趋势。

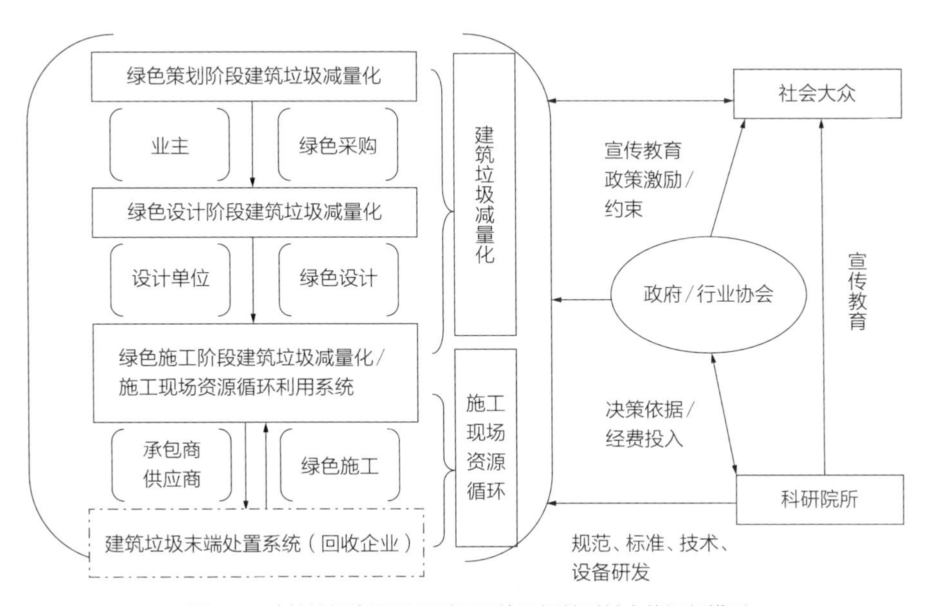

图 3-4　建筑垃圾资源循环利用系统及相关利益主体运行模型

第4章

基于系统动力学的建筑垃圾自消解方式选择

随着我国经济的飞速发展，建筑物的更新换代屡见不鲜，建筑垃圾在城市固体废弃物中的占比越来越大。目前我国每万平方米建筑面积产生建筑垃圾为500～600t，每年堆放建筑垃圾占用约20万亩土地。建筑垃圾不仅侵占宝贵的土地资源，还带来空气污染、水体污染等污染环境问题。在解决垃圾处理问题上，有学者运用系统动力学进行研究并取得成果。系统动力学理论能够处理非线性、多重反馈、复杂多变的系统问题，基于几个要素间的因果关系及有限的数据，通过建立模型可进行模拟演算。正是因为这些特点，系统动力学可以很好地应用到建筑垃圾处理问题的研究上。毕贵红等（2008）利用系统动力学建立了固体废弃物管理的模型，并研究人的行为对该系统的影响，提出了源头治理的调控政策[59]；侯燕等（2007）建立了垃圾减量化管理系统模型，并利用行为理论分析了减量的措施[60]；蔡林（2006）建立了垃圾处理系统动力学模型，以北京市为例进行了探讨并提出了政策建议[61]；林子健等（2011）利用STELLA软件建立了建筑垃圾产生量的预测模型，并根据预测结果分析了该模型的优缺点[62]。本文通过对建筑垃圾处理问题进行系统分析，构建建筑垃圾处理的系统动力学模型，以系统工程的理论研究建筑垃圾的处理与社会、经济、生态问题的相互作用机理，更加客观地帮助决策者了解和判断建筑垃圾处理的动态行为，为选择最佳的建筑垃圾处理方式提供科学准确的决策依据。

4.1 建筑垃圾处理方式概述

4.1.1 常规的建筑垃圾处理方式

目前，我国建筑垃圾的处理方式主要采用两种，一是采用露天堆放填埋法，这种方法约占垃圾处理的90%，对土壤、水质等生态环境造成的影响巨大；二是建筑垃圾资源化处理，将垃圾异地进行深加工处理后，可使其成为再生利用资源，从而使原材料得到最大限度的合理利用，但我国建筑垃圾资源化率平均不足10%。建筑垃圾处理的严峻状况对建筑业的发展有巨大阻碍作用。

4.1.2 建筑垃圾自消解处理方式

建筑垃圾自消解是通过在工程建造过程中对建筑垃圾进行资源化循环利用，将建筑垃圾消解在建筑产品生产过程之中，减少以至消除建筑垃圾对外部环境的终端排放。

根据垃圾产生的来源不同，可以将建筑垃圾分为施工建筑垃圾和拆除建筑垃圾。建筑垃圾自消解是指将施工过程中产生的多余废料或垃圾，经过现场处理后，应用到其他施工工序中的过程。建筑垃圾自消解技术仅需在施工现场便可完成材料的加工，不需要运出施工现场，不产生运输费用。这要求在建筑材料设计选用时，便考虑建筑垃圾的处理问题。建筑垃圾自消解原理与建筑垃圾资源化的不同之处在于，仅对施工过程中产生的建筑垃圾进行处理，不考虑建筑物寿命周期终结时拆除过程中产生的建筑垃圾，这是因为拆除建筑垃圾的可利用率较低并且再利用处理成本较高。建筑垃圾自消解原理将设计、采购、施工组成一个有机的整体，各参与方力量有效协同，从而减少建筑垃圾排放量，减少垃圾处理费用，实现绿色建造目标。

4.2 建筑垃圾自消解处理方式的系统动力学模型

本文以HS市建筑垃圾处理做法为例，运用系统动力学方法进行仿真（VENSIM软件）模拟，旨在分析当针对建筑垃圾采用不同处理方式时对社会、经济、生态运行的影响，从而为选择建筑垃圾最优处理方案提供理论依据。

4.2.1 系统结构划分

建筑垃圾的处理要考虑对社会、生态、经济带来的影响，所以本模型分为三个子系统：社会子系统、生态子系统和经济子系统。在整个系统中，社会子系统中的处理费用影响经济子系统的发展，同时，建筑垃圾的处理方式影响着生态环境。生态环境反过来也影响着社会活动，如建筑垃圾造成的巨大污染需要依靠改变现有的垃圾处理方式来解决。建筑垃圾的不当处理会造成环境的污染，从而影响经济子系统，经济子系统也会对社会子系统产生正反馈的影响（图 4–1）。

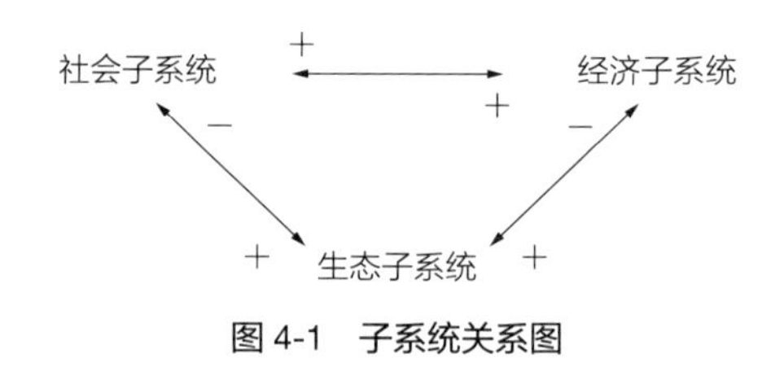

图 4-1 子系统关系图

1. 社会子系统

建筑垃圾的社会子系统主要考虑人的行为对建筑垃圾处理造成的影响。人为造成的影响包括建筑垃圾的处理方式和处理费用。建筑垃圾处理方式需要考虑的因素有：堆放掩埋处理的建筑垃圾数量、资源化再利用的回收率、自消解处理建筑垃圾量等。建筑垃圾费用主要包含建筑垃圾运输费用、清理费用。具体的存量流程关系如图 4–2 所示。

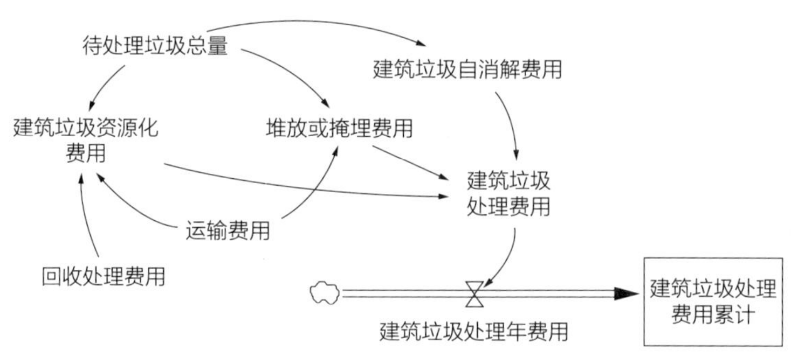

图 4-2 建筑垃圾处理费用存量流程图

2. 生态子系统

生态子系统着重反映了建筑垃圾处理过程中对环境的影响，由建筑垃圾堆放掩埋占地损失、空气污染及水体污染三部分组成。在占地损失中，主要考虑建筑垃圾的占地量以及基准地价。占地量是由建筑垃圾数量和占地系数两者所决定的，再通过基准地价可估算出每年建筑垃圾的占地损失。在建筑废弃物对大气污染中，主要考虑影响空气污染的程度以及政府对环境治理的投入。在水体污染中，主要考虑建筑垃圾渗透液的产生量和政府对污染治理的投入。生态子系统流程如图 4–3 所示。

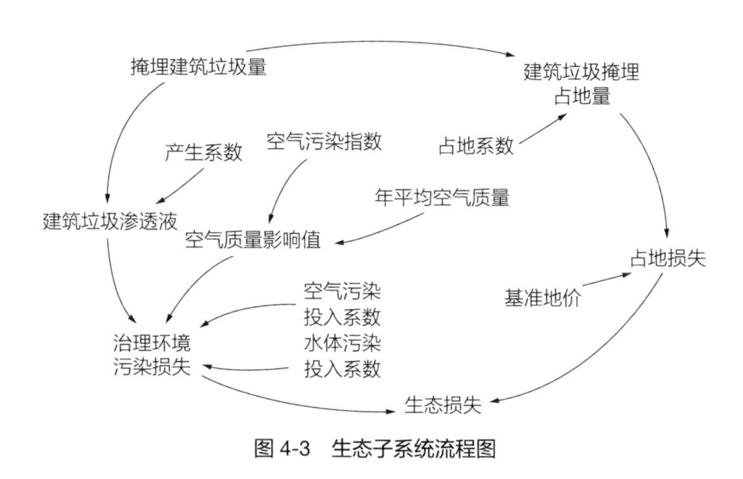

图 4-3　生态子系统流程图

3. 经济子系统

经济子系统分析考虑了经济总量、政府补贴和投资以及生态损失。地区经济总量的变化会影响该地区的建筑规模，从而影响该地区建筑垃圾的产生量。同时，建筑垃圾的处理也需要政府的补贴和投资，而政府的投资又会拉动地区生产总值。另外，在生态子系统中，经济总量的增加使得建筑垃圾处理设施得到资金投入和改进，从而减少了生态损失，拉动经济总量的增长。经济子系统的因果关系如图 4–4 所示。

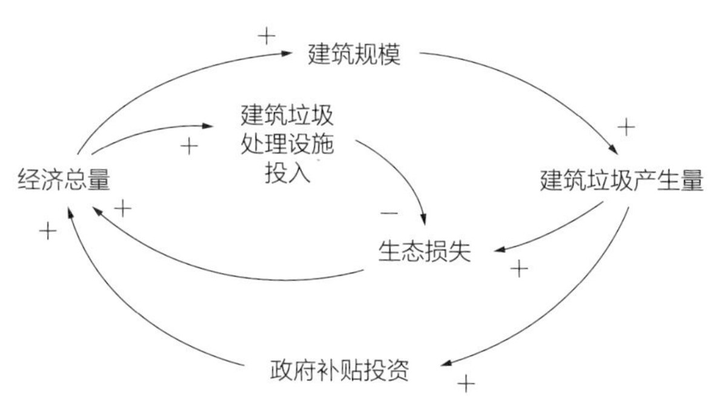

图 4-4　经济子系统因果关系图

4. 2. 2 模型参数设定与方程

根据以上对 HS 市建筑垃圾处理各子系统的分析可以构建系统动力学流程图，如图 4–5 所示，并确定相关变量与参数，从而根据流程图写出方程式，建立正确模型。

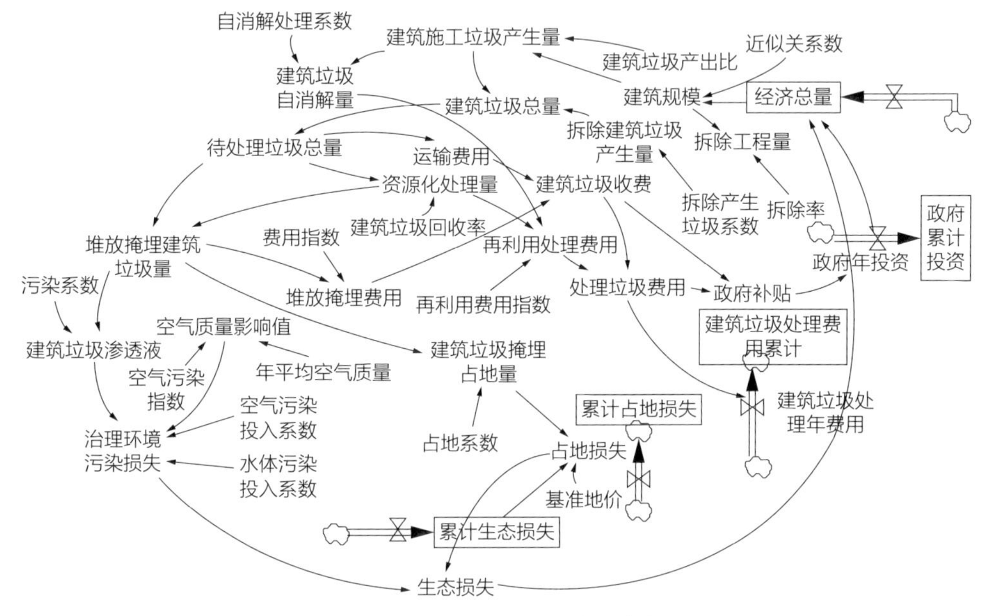

图 4-5 建筑垃圾处理系统动力学混合流程图

在模型中原始参数的选择上，主要选取了对城市建筑垃圾问题比较有代表性的 42 个关键因素。模型参数取值的准确性关系到最后模型的模拟结果，在本研究中，参数的取值来自中国城市统计年鉴、HS 市统计年鉴以及国家制定的法规和 HS 市出台的地方性法规和政策等。将这些参数代入方程，保证模型可以最大化地反映系统现实的变化。

1. 社会子系统

建筑垃圾的社会子系统主要包括建筑垃圾的处理和收费两部分组成。在建筑垃圾的处理中，通过查阅有关资料了解到，HS 市有 113 处建筑垃圾处置点占用土地约 78 万 m^2，每年可以处理约 8000 万 t 建筑垃圾，回收再利用率约 40%。

在建筑垃圾的收费中，经调查发现填埋费用为 0.0035 亿元 / 万 t，运输和搬运费用，取 55 元 /t。按照《HS 市城市建筑垃圾管理的规定》政策，按 30 元 /t 计算排污收费。按运输距离 6km 以内 6 元 /t、6km 以外 1 元 /t 计算运输收费指数。

2. 生态子系统

在生态子系统中主要考虑了建筑垃圾对生态环境的影响，模型中的参数包括土地损失、建筑垃圾对大气的污染和水体污染。

建筑垃圾占地系数取值 620m²/ 万 t，基准地价根据 HS 市土地管理中心的数据计算。建筑垃圾的空气污染主要参数包括：年平均空气质量、建筑垃圾对空气污染指数。年平均空气质量取 HS 市空气质量指数的平均值 94.5。建筑垃圾对空气污染指数为建筑尘土对大气中 PM2.5 的贡献率，为 3.8%～16.8%。在建筑垃圾对水体的污染中，主要参数为建筑垃圾渗滤液产生系数、水体污染治理投入系数。渗滤液产生系数：表示为单位建筑垃圾可以产生的垃圾渗滤液数量，取 0.15 计算。水体污染投入系数：根据有关资料，政府每治理 1 L 垃圾渗滤液需要花费 30 元，故取 30 元 / L 计算。

3. 经济子系统

由于经济子系统与其他系统的联系最为密切，系统内部许多参数都来自其他子系统，经济系统的单独变量是经济总量。根据统计年鉴的数据，可以基于 HS 市 2010—2017 年经济总量变化趋势，预测得到 2030 年的发展趋势预测，如图 4–6 所示。

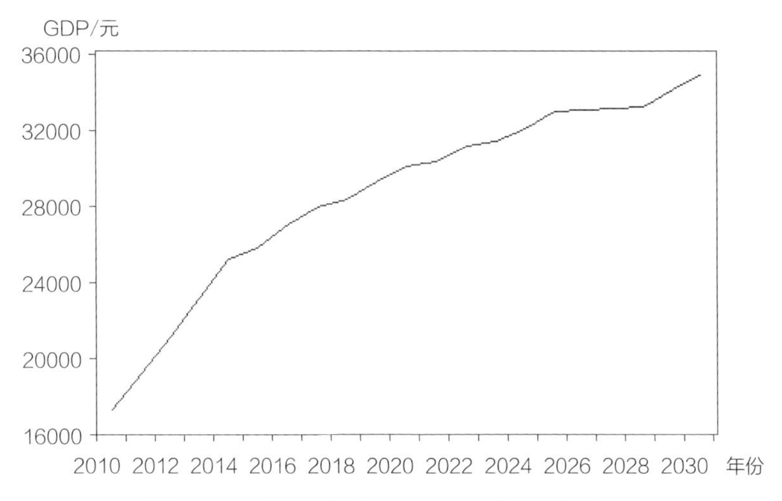

图 4-6　HS 市经济总量 2010—2030 年发展趋势预测

4. 2. 3　模型中的主要方程式

（1）建筑施工垃圾产生量＝建筑规模 × 建筑垃圾产出比

（2）拆除工程量＝建筑规模 × 拆除率

（3）拆除建筑垃圾产生量＝拆除工程量 × 拆除产生建筑垃圾经验系数

（4）建筑废弃物总量＝建筑施工垃圾产生量＋拆除建筑垃圾产生量

（5）建筑规模＝经济总量 × 近似关系系数

（6）掩埋建筑垃圾量＝待处理建筑垃圾总量－再利用建筑垃圾量

（7）再利用建筑垃圾量＝待处理建筑垃圾总量 × 建筑垃圾回收率

（8）处理建筑垃圾费用＝再利用费用＋处理成本＋每年掩埋费用

（9）运输费用＝待处理建筑垃圾总量 × 运输费用指数

（10）掩埋收费＝掩埋收费标准 × 待处理建筑垃圾总量

（11）再利用建筑垃圾量＝待处理建筑垃圾总量 × 建筑垃圾回收率

（12）每年掩埋费用＝掩埋费用指数 × 掩埋建筑垃圾量

（13）运输费＝待处理建筑垃圾总量 × 运输费用指数

（14）建筑垃圾渗透液＝掩埋建筑垃圾量 × 产生系数

（15）建筑垃圾自消解＝建筑施工垃圾产生量 × 自消解处理系数

（16）建筑垃圾空气质量影响值＝建筑垃圾对空气影响指数 × 年平均空气质量

（17）治理环境污染损失＝建筑垃圾空气质量影响值 × 空气污染损失投入系数＋建筑垃圾渗透液 × 水体污染损失投入系数

（18）建筑垃圾掩埋占地量＝建筑垃圾占地系数 × 掩埋建筑垃圾量

（19）年建筑垃圾占地损失＝基准地价 × 建筑垃圾堆放掩埋占地量

（20）生态损失＝治理环境污染损失＋建筑垃圾占地损失

4.2.4 模型检验

本文选取 2010 年、2013 年、2016 年这三年的统计数据对 HS 市建筑垃圾处理模型进行真实性检验，比较分析模型的运行结果，见表 4–1～表 4–3。

实际数值与模型仿真值对照表（2010 年） 表 4-1

仿真项目	实际值	仿真值	误差（%）
建筑规模（万 m^2）	6721	6739.14	0.27
经济总量（亿元）	17433.21	17438.44	0.03
建筑垃圾总量（万 t）	6783	6888.81	1.56
建筑施工垃圾产生量（万 t）	2790	2821.25	1.12
拆除建筑垃圾产生量（万 t）	3834	3825.18	−0.23

续表

仿真项目	实际值	仿真值	误差（%）
掩埋垃圾量（万 t）	4699	4799.09	2.13
资源化处理量（万 t）	2084	2162.78	3.78
治理环境污染损失（亿元）	1.7	1.7	-0.32
建筑垃圾掩埋占地量（万 m^2）	64	64.92	1.43
建筑垃圾回收率（%）	30.7	30.1	-1.67
建筑垃圾处理年费用（亿元）	3.03	3.1	2.44
政府年投资（亿元）	0.9	0.9	0.49

实际数值与模型仿真值对照表（2013 年）　　表 4-2

仿真项目	实际值	仿真值	误差（%）
建筑规模（万 m^2）	5810	5883.78	1.27
经济总量（亿元）	19533.84	19637.37	0.53
建筑垃圾总量（万 t）	7293	7363.01	0.96
建筑施工垃圾产生量（万 t）	3312	3241.78	-2.12
拆除建筑垃圾产生量（万 t）	3884	3970.61	2.23
掩埋垃圾量（万 t）	4609	4659.23	1.09
资源化处理量（万 t）	2680	2754.5	2.78
治理环境污染损失（亿元）	1.92	1.96	2.30
建筑垃圾掩埋占地量（万 m^2）	78	64.92	-0.43
建筑垃圾回收率（%）	36.75	25.86	2.01
建筑垃圾处理年费用（亿元）	3.19	3.25	1.88
政府年投资（亿元）	1.02	1.04	1.97

实际数值与模型仿真值对照表（2016 年）　　表 4-3

仿真项目	实际值	仿真值	误差（%）
建筑规模（万 m^2）	6169	6739.14	-0.73
经济总量（亿元）	20553.52	17438.44	0.03
建筑垃圾总量（万 t）	8509	8641.74	1.56
建筑施工垃圾产生量（万 t）	3557	3596	1.12
拆除建筑垃圾产生量（万 t）	4952	4950.59	-0.23
掩埋垃圾量（万 t）	5020	5126.93	2.13

续表

仿真项目	实际值	仿真值	误差（%）
资源化处理量（万 t）	3395	3542.7	4.32
治理环境污染损失（亿元）	1.55	1.58	2.32
建筑垃圾掩埋占地量（万 m^2）	92	93.32	1.43
建筑垃圾回收率（%）	40	40.66	1.67
建筑垃圾处理年费用（亿元）	3.22	3.29	2.44
政府年投资（亿元）	1.0	1.0049	0.49

从表 4–1～表 4–3 检验结果可以看出，2010 年、2013 年、2016 年的仿真值与实际值误差最大为 4.32%，各参数误差均小于 5%，可视为模型有效，系统可以真实有效地反映 HS 市建筑垃圾的处理情况，并且可以在此模型的基础上进行后续的方案模拟和分析。

4.3 系统动力学模型模拟与结果分析

4.3.1 模型模拟

将之前建立的模型进行仿真运行，可以得到 HS 市 2010—2030 年建筑垃圾总量、资源化处理量、建筑垃圾掩埋占地面积的仿真模拟结果（图 4–7～图 4–8）。

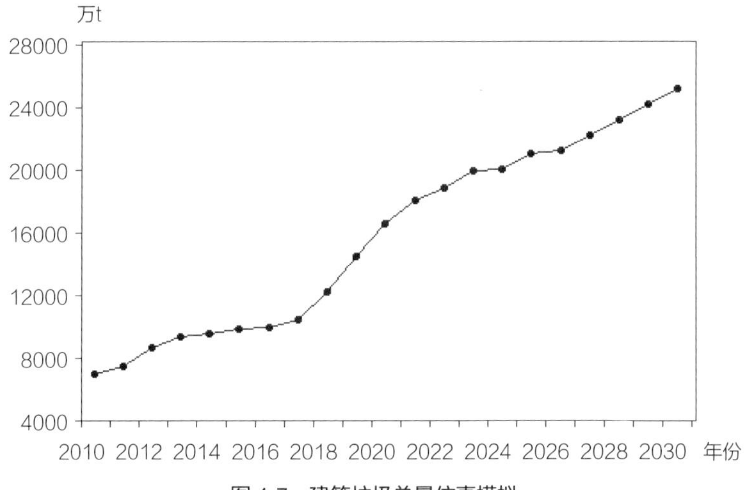

图 4-7 建筑垃圾总量仿真模拟

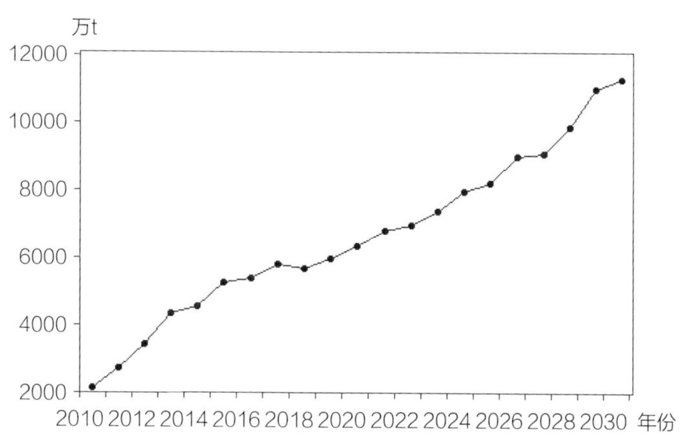

图 4-8　建筑垃圾资源化处理量仿真模拟

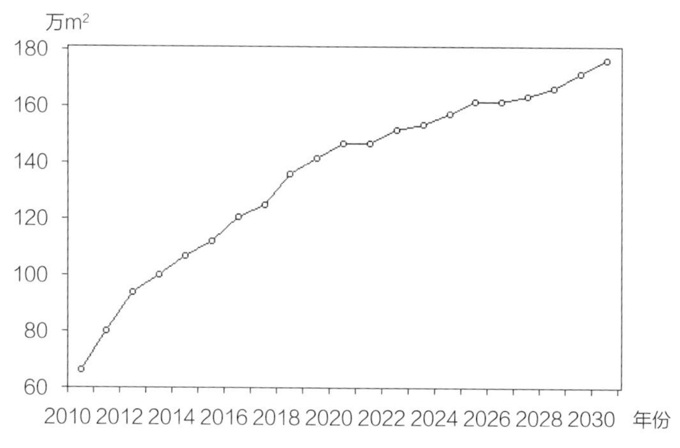

图 4-9　建筑垃圾掩埋占地面积仿真模拟

图 4–7～图 4–9 反映了在仿真模拟情境下 HS 市目前建筑垃圾的处理情况。建筑垃圾总量的变化呈现为上升趋势，预计到 2030 年这一数值将增长到 2687 万 t。建筑垃圾资源化处理的增量上升趋势不大，资源化利用量的增加趋势缓慢，回收利用率得不到有效提高。建筑垃圾掩埋占地面积增加迅速，2030 年占地面积将达到 178 万 m^2。为了进一步缓解建筑垃圾处理的严峻现状，需找到更有效的处理方式。

4.3.2　建筑垃圾处理模式模拟

根据以上模拟操作，针对 HS 市建筑垃圾产量大，建筑垃圾资源化利用率不高等问题，通过比较模型中建筑垃圾总量、建筑垃圾资源化处理量、建筑施工垃圾产生量等参数，分别对关键因素进行调整，制定建筑垃圾堆放填埋收费模式、建筑垃圾资源化处理设备增加模式和建筑垃圾自消解与资源化处理相结合模式，对 HS 市城市建筑垃圾处理情况进行仿真模拟，最后对比不同模式下的模拟结果。

1. 建筑垃圾堆放填埋收费模式

相对于建筑垃圾资源化处理，目前的垃圾 35 元 /t 的排污费用较低，这是导致目前堆放填埋率高的主要原因。通过提高建筑垃圾排污费，才能在源头上缩减建筑垃圾的排放量，有效降低污染。本研究拟从 2018 年开始，用 50 元 /t 的排放收费标准进行模拟。

2. 建筑垃圾资源化处理设备增加模式

建筑垃圾资源化处理率与设备的先进性程度密不可分，通过投入更多的建筑垃圾资源化处理设备和引进先进处理技术，提高资源化处理覆盖范围，提升人们对建筑垃圾资源化处理的认知，从而达到更高的资源利用率。

3. 建筑垃圾自消解与资源化处理相结合模式

建筑垃圾自消解是将建筑垃圾消耗在施工建造过程中，使材料得到更加充分的利用，这需要设计环节和施工环节的密切配合，同时还需要现场技术和管理人员的控制与规划。建筑垃圾自消解与资源化处理相结合，场内与场外垃圾再回收利用相结合，从而达到更高的建筑垃圾回收率，减少垃圾排放量。

4.3.3 模拟结果分析

在模型中分别输入三种处理模式下的参数，可得到的仿真结果如下。

三种处理模式下的建筑垃圾发展趋势见表 4–4、表 4–5 和图 4–10、图 4–11。

三种模式下的建筑垃圾排放量模拟仿真运行结果（单位：万 t） 表 4-4

年份	2019	2020	2021	2022	2023	2024	2025	2026	2027	2028	2029	2030
模式一	5301	5687	6502	6634	6809	7092	7434	7885	8021	8865	9043	9865
模式二	3598	3621	4390	4872	5210	5663	6010	6431	6634	6908	7124	7876
模式三	2312	2534	2809	3223	3564	3702	4199	4863	5023	5219	5698	6201

三种模式下的建筑垃圾回收率模拟仿真运行结果（单位：%） 表 4-5

年份	2019	2020	2021	2022	2023	2024	2025	2026	2027	2028	2029	2030
模式一	0	0	0	0	0	0	0	0	0	0	0	0
模式二	40.2	42.6	45.1	47.3	50.7	52.9	54.5	56.1	57.4	58.9	60.1	61.2
模式三	55	57	58.2	59.7	61.9	63.1	64.2	68.3	76.3	81.3	87.5	92.1

分析结果显示：

（1）随着建筑垃圾排放收费标准的提高，建筑垃圾堆放填埋排放量增长速度变缓，但并不能从源头上得到减量，建筑垃圾的回收利用率得不到明显提高，对于生态环境的污染也无法得到有效缓解（图 4–10）。

（2）通过建筑垃圾资源化处理设备增加和技术更新，可以有效减少建筑垃圾的排放量，回收利用率可达到 60%，建筑垃圾资源化处理显示出有效的结果，但需要投入大量的资金来引进设备和技术。

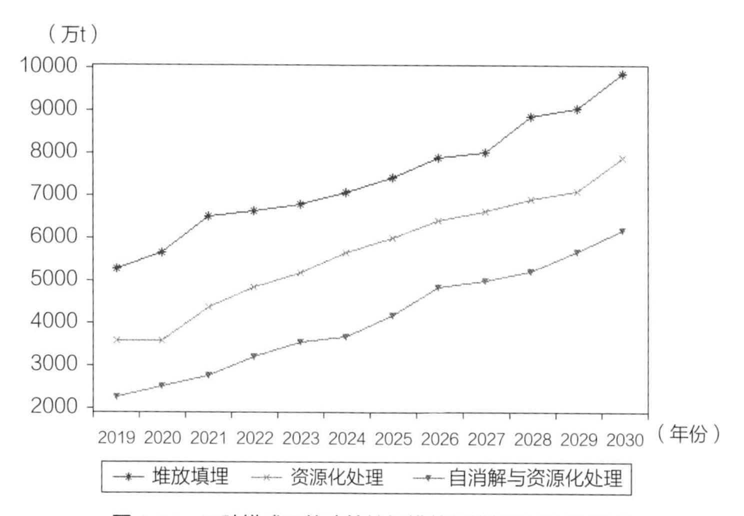

图 4-10　三种模式下的建筑垃圾排放量模拟仿真运行结果

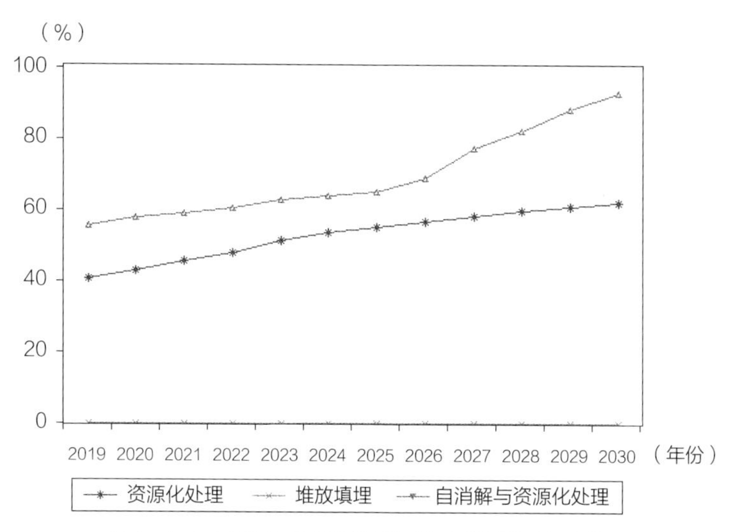

图 4-11　三种模式下的建筑垃圾回收率模拟仿真运行结果

（3）由图 4–10、表 4–4 中可以看出，在建筑垃圾自消解与资源化处理相结合的模式下，建筑垃圾排放量与图 4–7 中按照现状趋势发展相比，建筑垃圾排放量大大降低，回收利用率大大提高，几乎能达到 90% 以上，可达到发达国家水平。

综上所述，建筑垃圾自消解与资源化处理相结合在建筑垃圾处理总量上是很有优势的。采用二者相结合的模式，一方面可以对现场处理的垃圾进行最大化自消解处理，另一方面也可以对垃圾进行深加工后回收利用，大大提高回收率。建筑垃圾自消解与资源化处理相结合模式可有效地缓解 HS 市未来由建筑垃圾掩埋造成的土地压力，同时还不会对大气和水体造成更严重的污染，对生态环境造成的损失最小，是最符合生态环境要求的未来发展方式。

4.3.4 结论分析

本文利用系统动力学的理论对建筑垃圾自消解处理问题进行仿真模拟分析，将系统分为社会、经济、生态三个子系统。以 HS 市建筑垃圾处理情况为例，构建子系统因果关系图，绘制系统流程图并进一步设置参数，从而建立建筑垃圾处理模型。通过对三种处理方式的模拟，发现采用建筑垃圾自消解与资源化处理相结合的方式可以使生态环境污染损失减小，资源回收利用率得到大大提高，2030 年甚至可达 90%，接近发达国家建筑垃圾回收利用率水平，将可能实现建筑垃圾零排放的理想目标。建筑垃圾自消解是从材料设计开始就考虑垃圾的处理问题，可以做到材尽其用，大大减少资源浪费。从设计方案的源头上减少建筑垃圾，对于建筑垃圾的处理具有良好的实际作用，应当对建筑垃圾自消解的应用场景展开深入研究。同时，系统动力学模型仿真模拟的运行是一个动态过程，要根据现行实施的建筑行业相关政策不断调整变量参数，才能真正体现模型的科学性和有效性。

第 5 章

建筑垃圾自消解处理的影响因素分析

5.1 影响因素分析的基本思路

建筑垃圾自消解处理的本质是在建造过程中对建筑垃圾进行资源化再利用。本章在梳理工程项目绿色建造过程中建筑垃圾自消解现状的基础上，基于绿色建造各个实施阶段的纵向分析，结合文献研究其影响因素，从中选取影响因素指标，运用专家调查法，采用统计分析工具对影响因素进行筛选与修正。对最终确定的影响因素，采用解释结构模型（ISM）分析各因素的影响机理，找出其中的表象层、中间层和根源层因素，基本分析思路如图 5-1 所示。

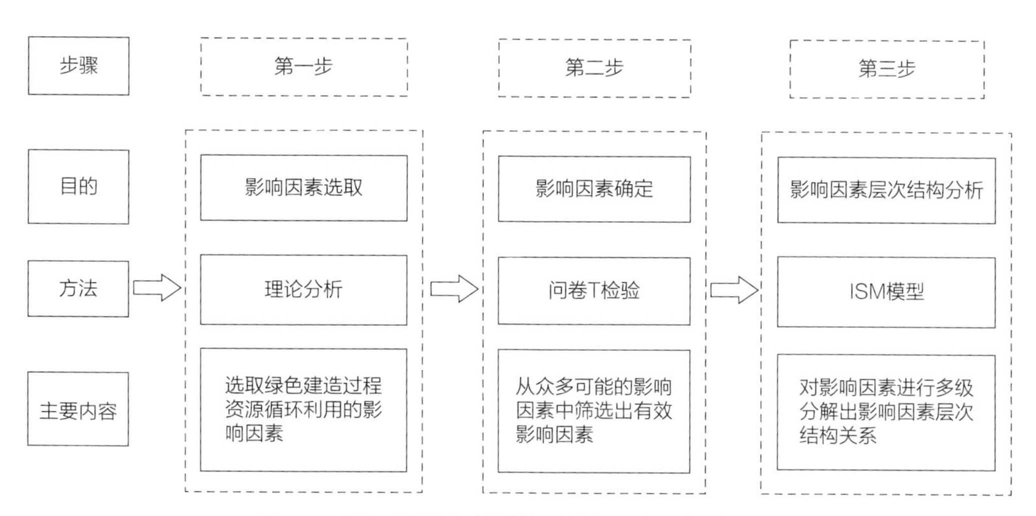

图 5-1　绿色建造过程建筑垃圾自消解影响因素分析思路

5.2 建筑垃圾自消解过程的影响因素类型

5.2.1 绿色建造过程中各个阶段影响因素分析

绿色建造过程包括绿色策划阶段、绿色采购阶段、绿色设计阶段、绿色施工阶段，每一个阶段都有影响资源循环利用的多种因素（绿色采购阶段影响因素并入相关阶段讨论）。

在绿色策划阶段，绿色建造活动的主体是业主方，业主方根据市场、需求、自身投资能力和融资渠道，确定项目的功能、目标、建设方案等。业主方的工作还包括采购工程建设实施过程各阶段的实施主体和资源。在项目立项策划和采购阶段，业主方能否认同开发绿色建筑产品的可持续发展理念，外界环境给予业主方的压力以及自身能力等因素都决定着业主方是否建造绿色建筑项目、是否采取自消解和资源循环利用的方式[63]。我国工程项目设计、开发、施工和物业管理等建设环节分离的建设体制，造成绿色建造长期利益和短期投入兼顾不周、价值补偿不对等的问题。

在绿色设计阶段，绿色设计的基本要求是通过技术和材料的融合，减少不可再生资源的消耗和对生态环境的污染。设计师通过选择合理的设计方案实现资源节约和环境保护目标。该阶段影响资源循环利用的因素主要有设计师业务能力、设计师绿色理念、建筑技术选择、建筑设计方案、材料使用规范等[64]。

绿色施工阶段是绿色设计的物化生成过程。在该阶段影响建筑垃圾自消解和资源循环利用的行为主体有承包商、政府、建筑垃圾处置相关企业（垃圾运输、填埋处置和资源化综合处置企业等）。对于承包商，影响因素主要包括承包商的绿色施工意识、施工项目管理水平、资源循环利用能力（施工方法和工艺、机械设备、操作人员）、建筑材料采购与使用管理等[65, 66]。对于建筑垃圾处置相关企业，影响因素有运输成本、综合处置成本、再生产品价值、再生技术[67, 68]。对于政府部门，影响因素涉及法律法规、行业标准规范制定、扶持政策和处罚措施等。目前，在建筑产业链相关主体之间还存在技术创新、建造过程标准实施和建筑产品评价协同不够的问题。

总体来看，从绿色策划阶段到绿色施工阶段，每阶段的影响因素主要包括基于业主方、设计师、承包商等意识理念及组织管理、技术选择等内部影响因素，和诸如政府、协会、社会、制度等给予的外部环境因素。根据以上分析，归纳总结出影响绿色建造过程建筑垃圾自消解和资源循环利用的 19 个主要因素，见表 5–1。

绿色建造过程建筑垃圾自消解的影响因素　　表 5-1

类别		序号	影响因素	评价项目
内部条件因素	绿色策划阶段	Z1	业主方绿色意识	业主方是否有开发绿色建筑项目的意识； 业主方是否履行必要的社会责任； 开发绿色建筑项目是否能达到预期收益； 开发绿色建筑项目是否有较大风险
		Z2	业主方能力	业主方的设计管理水平、品牌运作和营销等能力； 业主是否拥有充足土地资源储备、雄厚的资金实力、长期合作伙伴
		Z3	业主方治理结构	业主方是否建立较为完善的组织形式； 业主方能否整合企业、政府、科研机构的资源进行科技创新和人才培养
		Z4	供应商管理	业主方是否建立供应链管理体系； 业主方是否实行绿色采购
	绿色设计阶段	Z5	建筑技术水平	建筑技术是否具有技术可行性、经济合理性、环境无害性； 建筑技术是否有利于资源的循环利用； 建筑技术是否有利于减少污染物排放
		Z6	建筑设计方案	建筑设计方案是否有利于资源循环利用，如建筑构件尺寸配合、建筑构件标准化、模块化设计、减少临时设施、减少设计变更
		Z7	材料使用规范	是否明确能够进行循环利用的材料、能源、水资源类型和数量； 是否明确废弃物分类分拣方法； 是否明确废弃物现场处理方法
		Z8	设计师业务能力	设计师是否具有专业能力修养、工作经验、设计作业信息获取能力，是否有有效的沟通能力
		Z9	设计师绿色理念	设计师是否有绿色意识，是否履行废弃物减排的职责
	绿色施工阶段	Z10	承包商绿色施工意识	承包商是否有绿色施工意识，是否自觉采用建筑垃圾再生建材产品
		Z11	施工项目管理水平	承包商是否编制和实施绿色施工专项方案； 承包商是否减少能源消耗、循环利用水资源； 承包商是否对施工现场建筑垃圾回收利用
		Z12	承包商资源循环利用能力	承包商的施工方法和工艺、施工机械设备、施工现场建筑垃圾处置系统及设备等是否技术可行、工艺合理、组织有序、操作便捷高效
		Z13	建筑材料管理	是否采购绿色建材； 是否严格实行材料的出入库和回收管理
		Z14	承包商资源循环利用效益	资源循环利用的效益产出是否大于成本投入

续表

类别		序号	影响因素	评价项目
内部条件因素	绿色施工阶段	Z15	建筑垃圾综合处置成本	从施工现场到建筑垃圾综合处置工厂的运输成本（运输距离、动力费以及企业利润等）； 加工处置成本
		Z16	建筑垃圾再生产品价值	再生产品的质量，质量的不稳定将导致用户拒绝垃圾再生产品； 再生产品的价格，若再生产品价格不具有竞争性，不利于再生产品市场化
外部环境因素		Z17	协同效率	政府、消费者、业主方、供应商、承包商、建筑垃圾回收企业等相关利益群体能否做到政策协同、责任协同、技术协同、标准协同、利益协同
		Z18	社会文化	全民绿色环保意识、氛围和行为习惯
		Z19	外部制度	绿色建造过程资源循环利用相应法律法规、行业技术标准规范； 科研投入机制是否有效； 市场利益驱动机制是否有效； 监督评价制度是否有效； 技术支撑体系是否有效； 绿色建造技术与建筑设计规范和标准的融合度； 政府扶持政策与处罚措施

5.2.2 基于 T 检验影响因素的确定

1. 专家问卷设计

为了进一步确定上述绿色建造过程建筑垃圾自消解影响因素的合理性和科学性，在理论分析的基础上，运用专家问卷调查法对上述构建的 19 个指标进行筛选与修正（附录 A）。

专家问卷调查内容以上述绿色建造过程资源循环利用影响因素（表 5-1）为基础，具体调查各位专家对各类影响因素指标重要程度的评价。采用五分打分法，每位专家根据个人的理解和认识对每个测量指标进行打分，分值越高，表示专家认为该项指标的影响程度越大。在问卷的最后部分，还增添了建议栏，专家们可以将他们认为重要的指标或者整个问卷设计存在的问题反映在建议栏中，以便于更好地完善问卷设计和指标体系。

2. 样本描述

此次问卷调查共面向从事建设工程绿色建造相关领域的学者及获得全国荣誉

称号的优秀项目经理发放调查问卷 32 份，回收有效问卷 30 份，调查时间为 2017 年 11 月 7 日至 12 月 20 日。问卷回收后，对每位专家的评分进行了统计，并运用 SPSS 软件对这些评分结果进行了单样本 T 检验，根据检验结果判断每个指标的有效性，对未通过检验的指标进行删除。由于篇幅所限，不在此一一列出问卷评分情况。

3. 指标检验

T 检验作为检验差异显著性的重要统计工具，主要是用于比较样本均值间的差异，它包括单样本 T 检验、独立样本 T 检验、配对样本 T 检验。本文所用的单样本 T 检验用来检验服从正态分布总体的均值是否与给定的检验值之间存在显著差异。绿色建造过程建筑垃圾自消解方式进行资源循环利用的影响因素重要度评价结果总体服从正态分布，因此运用 T 检验法来判断专家评价结果与检验值是否存在显著性差异。设影响因素重要度评价结果总体服从正态分布 $N(\mu, \delta^2)$，提出假设：H_0：$\mu=\mu_0$，H_1：$\mu\neq\mu_0$，μ 为总体均值。

运用 SPSS 软件进行单样本 T 检验进行评估，设定检验均值 $\mu=2.5$，置信度为 95%，也即显著性水平 0.05，输出检验结果见表 5-2～表 5-3。

单个样本统计量　　表 5-2

序号	N	均值	标准差	均值的标准误差
Z1	30	3.0667	1.08066	0.19730
Z2	30	3.0000	1.14470	0.20899
Z3	30	2.9667	1.18855	0.21700
Z4	30	2.8333	1.28877	0.23530
Z5	30	3.0667	1.22990	0.22455
Z6	30	3.1000	1.02889	0.18785
Z7	30	2.7667	1.25075	0.22835
Z8	30	3.3333	1.15470	0.21082
Z9	30	3.3000	1.08755	0.19856
Z10	30	3.3333	1.15470	0.21082
Z11	30	2.9667	1.09807	0.20048
Z12	30	3.0333	1.21721	0.22223
Z13	30	2.6000	1.16264	0.21227
Z14	30	3.0667	1.38796	0.25341
Z15	30	3.0000	1.01710	0.18570

续表

序号	*N*	均值	标准差	均值的标准误差
Z16	30	2.8333	1.11675	0.20389
Z17	30	3.1000	1.15520	0.21091
Z18	30	2.6667	0.84418	0.15413
Z19	30	3.0000	0.87099	0.15902

单个样本检验（检验值＝2.5） 表 5-3

序号	T	Df	Sig.（双侧）	均值差值	差分的 95% 置信区间	
					下限值	上限值
Z1	2.872	29	0.008	0.56667	0.1631	0.9702
Z2	2.392	29	0.023	0.50000	0.0726	0.9274
Z3	2.151	29	0.040	0.46667	0.0229	0.9105
Z4	1.417	29	0.167	0.33333	−0.1479	0.8146
Z5	2.524	29	0.017	0.56667	0.1074	1.0259
Z6	3.194	29	0.003	0.60000	0.2158	0.9842
Z7	1.168	29	0.252	0.26667	−0.2004	0.7337
Z8	3.953	29	0.000	0.83333	0.4022	1.2645
Z9	4.029	29	0.000	0.80000	0.3939	1.2061
Z10	3.953	29	0.000	0.83333	0.4022	1.2645
Z11	2.328	29	0.027	0.46667	0.0566	0.8767
Z12	2.400	29	0.023	0.53333	0.0788	0.9878
Z13	0.471	29	0.641	0.10000	−0.3341	0.5341
Z14	2.236	29	0.033	0.56667	0.0484	1.0849
Z15	2.693	29	0.012	0.50000	0.1202	0.8798
Z16	1.635	29	0.113	0.33333	−0.0837	0.7503
Z17	2.845	29	0.008	0.60000	0.1686	1.0314
Z18	1.081	29	0.288	0.16667	−0.1486	0.4819
Z19	3.144	29	0.004	0.50000	0.1748	0.8252

4. 剔除影响因素

根据T检验的基本思想对影响因素的显著性水平进行判定，当影响因素的双侧概率值大于等于显著性水平化0.05时，就剔除该影响因素。从表5–3可看出，“供应商管理Z4”“材料使用规范Z7”“建筑材料管理Z13”“建筑垃圾再生产品价值Z16”“社会文化Z18”这5个影响因素的双侧概率值Sig. 大于显著性水平化0.05，而且从均值差值来看，最大的均值差值仅为0.33，说明这5个影响因素的均值和检验值的差异极小，因此将这 5 个影响因素剔除；而其他 14 个影响因素，无论是从双侧概率值来看，还是从均值差值来看，这 14 个影响因素的均值和检验值存在显著差异。因此，本文最终得到以下 14 个绿色建造过程资源循环利用的影响因素（表 5-4）。

绿色建造过程建筑垃圾自消解的影响因素 表 5-4

类别	指标	指标代码
内部条件影响因素	业主方绿色意识	S1
	业主方能力	S2
	业主方治理结构	S3
	建筑技术水平	S4
	建筑设计方案	S5
	设计师业务能力	S6
	设计师绿色理念	S7
	承包商绿色施工意识	S8
	施工项目管理水平	S9
	承包商资源循环利用能力	S10
	承包商资源循环利用效益	S11
	建筑垃圾综合处置成本	S12
外部环境影响因素	协同效率	S13
	外部制度	S14

5.3 基于 ISM 的建筑垃圾自消解的影响因素结构分析

解释结构模型法（Interpretive Structural Modeling Method，简称 ISM）是 1973 年由美国学者沃菲尔德（J. Warfield）教授为剖析复杂社会体系问题而创设的一种分析统计方式，是用于分析和揭露复杂关系结构的分析方法。这种方法可以将杂乱和模糊的因素构建成清晰的层次结构模型，提高对复杂系统内部因素之间关系的认识和对策的针对性和有效性，其运算核心是布尔运算和有向图[69]。将该方法应用于绿色建造过程资源循环利用的影响因素分析，根据上文得出的结论，本研究所利用的 ISM 的 14 个影响因素见表 5-4，编号为 S1–S14。

5.3.1 ISM 模型基本步骤

ISM 模型的基本步骤如下。

1. 组成 ISM 专家小组，对影响因素的两两之间的关联进行评判，架构邻接矩阵 A（附录 B）。

$$A=\{a_{ij}\}_{n\times n}，其中关于 a_{ij} 的值，a_{ij}=\begin{cases}0，Si 对 Sj 没有较大的直接影响\\1，Si 对 Sj 有较大的直接影响\end{cases}$$

2. 对构造的邻接矩阵运用布尔代数运算，获得可达矩阵 M。

运算法则：$0+0=0$；$0+1=1+0=1$；$1+1=1$；$0\times0=0$；$0\times1=0$；$1\times1=1$。

计算公式：$(A+I)$，$(A+I)^2$，$(A+I)^3$，……，$(A+I)^k$。

当 $(A+I)^{k-1}\neq(A+I)^k=(A+I)^{k+1}$，则可得到可达矩阵 M，$M=(A+I)^k$。

3. 对可达矩阵 M 运用层级分解方法，获得各层级的要素。

（1）确定可达集 $R(Si)$、先行集 $A(Si)$，及公共集 $C(Si)$。可达集 $R(Si)$ 表示可达矩阵 M 的第 i 行中数值 1 所对应列的要素；先行集 $A(Si)$ 表示可达矩阵 M 的第 i 列中数值 1 所对应行的要素；公共集 $C(Si)$ 表示可达集和先行集的交集，即 $C(Si)=R(Si)\cap A(Si)$。

（2）层级分解。从一级开始，逐层确定各级因素，当 $R(Si)=C(Si)$ 时，则因素 Si 为第一级因素；然后划去可达矩阵中第一级因素所在的行和列，继续确定第二级因素，方式与上面的相同；按照这种方法最终确定出所有层次的因素集合。

4. 根据上一步确定的各层次因素和它们之间的关系，画出解释结构模型图。

5.3.2 基于 ISM 模型的分析流程

ISM 模型的分析流程如图 5-2 所示。

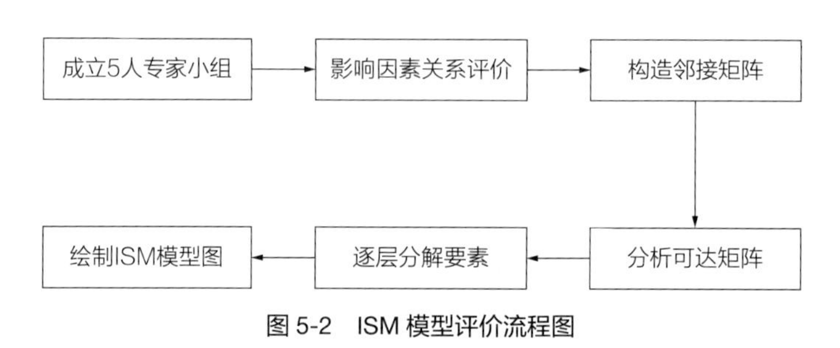

图 5-2 ISM 模型评价流程图

1. 成立专家小组

对绿色建造过程资源循环利用影响因素的两两之间的关系进行判定。从上述参与评价影响因素重要程度的专家中选取 5 位，他们是知名教授或者优秀项目经理。通过多位专家对影响因素相互关系的细致研究和商讨，最后确定邻接矩阵如图 5-3 所示。

	S1	S2	S3	S4	S5	S6	S7	S8	S9	S10	S11	S12	S13	S14
S1	0	0	0	0	1	0	0	0	0	0	0	0	0	0
S2	1	0	1	0	0	0	0	0	0	0	0	0	0	0
S3	0	1	0	0	0	0	0	0	0	0	0	0	0	0
S4	0	0	0	0	1	0	0	0	0	0	1	0	0	1
S5	0	0	0	0	0	0	0	0	0	1	1	0	0	0
S6	0	0	0	0	1	0	0	0	0	0	0	0	0	0
S7	0	0	0	0	1	1	0	0	0	0	0	0	0	0
S8	0	0	0	0	0	0	0	0	0	0	0	0	0	0
S9	0	0	0	0	0	0	0	0	0	1	1	0	0	0
S10	0	0	0	0	0	0	0	1	1	0	1	1	0	0
S11	0	0	0	0	0	0	0	1	0	0	0	0	0	0
S12	1	0	0	0	0	0	0	1	0	0	1	0	0	0
S13	0	1	0	0	0	0	1	0	0	0	0	0	0	1
S14	1	0	1	1	1	0	1	1	1	1	1	1	1	0

图 5-3　绿色建造过程建筑垃圾自消解影响因素邻接矩阵

2. 确定可达矩阵

利用 MATLAB 软件实现邻接矩阵的布尔代数运算，求出可达矩阵 M，如下所示。

$$M=\begin{bmatrix} 1 & 0 & 0 & 0 & 1 & 0 & 0 & 0 & 0 & 0 & 0 & 0 & 0 & 0 \\ 1 & 1 & 1 & 0 & 0 & 0 & 0 & 0 & 0 & 0 & 0 & 0 & 0 & 0 \\ 0 & 1 & 1 & 0 & 0 & 0 & 0 & 0 & 0 & 0 & 0 & 0 & 0 & 0 \\ 0 & 0 & 0 & 1 & 0 & 0 & 0 & 0 & 0 & 0 & 1 & 0 & 0 & 1 \\ 0 & 0 & 0 & 0 & 1 & 0 & 0 & 0 & 0 & 1 & 1 & 0 & 0 & 0 \\ 0 & 0 & 0 & 0 & 1 & 1 & 0 & 0 & 0 & 0 & 0 & 0 & 0 & 0 \\ 0 & 0 & 0 & 0 & 1 & 1 & 1 & 0 & 0 & 0 & 0 & 0 & 0 & 0 \\ 0 & 0 & 0 & 0 & 0 & 0 & 0 & 1 & 0 & 0 & 0 & 0 & 0 & 0 \\ 0 & 0 & 0 & 0 & 0 & 0 & 0 & 0 & 1 & 1 & 1 & 0 & 0 & 0 \\ 0 & 0 & 0 & 0 & 0 & 0 & 0 & 1 & 1 & 1 & 1 & 1 & 0 & 0 \\ 0 & 0 & 0 & 0 & 0 & 0 & 0 & 0 & 0 & 0 & 1 & 0 & 0 & 0 \\ 1 & 0 & 0 & 0 & 0 & 0 & 0 & 1 & 0 & 0 & 1 & 1 & 0 & 0 \\ 0 & 1 & 0 & 0 & 0 & 0 & 0 & 0 & 0 & 0 & 0 & 0 & 1 & 1 \\ 1 & 0 & 1 & 1 & 1 & 0 & 1 & 1 & 1 & 1 & 1 & 1 & 1 & 1 \end{bmatrix}$$

3. 影响因素级别划分

对可达矩阵 M 求可达集合 $P(Si)=\{Sj \mid a_{ij}=1\}$（表示从影响因素 Si 出发可以到达的全部影响因素的集合）和先行集合 $Q(Si)=\{Sj \mid a_{ij}=1\}$（表示可以达到影响因素 Sj 的全部影响因素集合），如表 5–5 所示。

绿色建造过程建筑垃圾自消解影响因素可达集合和先行集合　表 5-5

序号	$P(Si)$	$Q(Si)$	$P(Si)\cap Q(Si)$
S1	1，5	1，2，12，14	1
S2	1，2，3	2，3，13	2，3
S3	2，3	2，3，14	2，3
S4	4，11，14	4，14	4
S5	5，10，11	1，5，6，7，14	5
S6	5.6	6，7	6
S7	5，6，7	7，14	7
S8	8	8，10，12，14	8
S9	9，10，11	9，10，14	9，10
S10	8，9，10，11，12	5，9，10，14	9，10
S11	11	4，5，9，10，11，12，14	11
S12	1，8，11，12	10，12，14	12
S13	2，13，14	13，14	13，14
S14	1，3，4，5，7，8，9，10，11，12，13，14	4，13，14	4，13，14

根据 $P(Si)$ 和 $Q(Si)$（$i=1，2，\cdots\cdots，19$）求满足 $P(Si)\cap Q(Si)=P(Si)$ 的影响因素集合 $L1$。$L1$ 中的各因素满足：该因素不能达到其他因素，而其他因素可以达到该因素。因而 $L1$ 中各要素的层级最高，位于第一级。再将 $L1$ 中各要素从表 5–1 中删除，求影响因素集合 $L2$。以此类推，得到各层级因素集合分别为：$L1=\{S8，S11\}$；$L2=\{S1，S5，S9，S10，S12\}$；$L3=\{S2，S3，S6\}$；$L4=\{S7\}$；$L5=\{S4，S13，S14\}$。因此可以得到排序后的绿色建造过程建筑垃圾自消解影响因素的可达矩阵（图 5–4）和各影响因素的解释结构模型（图 5–5）。

	S8	S11	S1	S5	S9	S10	S12	S2	S3	S6	S7	S4	S13	S14
S8	0	0	0	0	0	0	0	0	0	0	0	0	0	0
S11	0	0	1	0	0	0	0	0	0	0	0	0	0	0
S1	0	0	0	1	0	0	0	0	0	0	0	0	0	0
S5	0	1	0	0	0	1	0	0	0	0	0	0	0	0
S9	0	1	0	0	0	1	0	0	0	0	0	0	0	0
S10	1	1	0	0	1	0	1	0	0	0	0	0	0	0
S12	1	1	1	0	0	0	0	0	0	0	0	0	0	0
S2	0	0	1	0	0	0	0	0	1	0	0	0	0	0
S3	0	0	0	0	0	0	0	1	0	0	0	0	0	0
S6	0	0	0	1	0	0	0	0	0	0	0	0	0	0
S7	0	0	0	1	0	0	0	0	0	0	1	0	0	0
S4	0	1	0	0	0	0	0	0	0	0	0	0	0	1
S13	0	0	0	0	0	0	0	1	0	0	0	0	0	1
S14	1	1	1	1	1	1	1	0	1	0	1	1	1	0

图 5-4　排序后的绿色建造过程建筑垃圾自消解影响因素可达矩阵图

5.3.3　绿色建造过程建筑垃圾自消解影响因素的解释结构模型

根据上一节的分析得到的各层级影响因素，绘制出绿色建造过程资源循环利用影响因素的解释结构图，如图 5–5 所示。

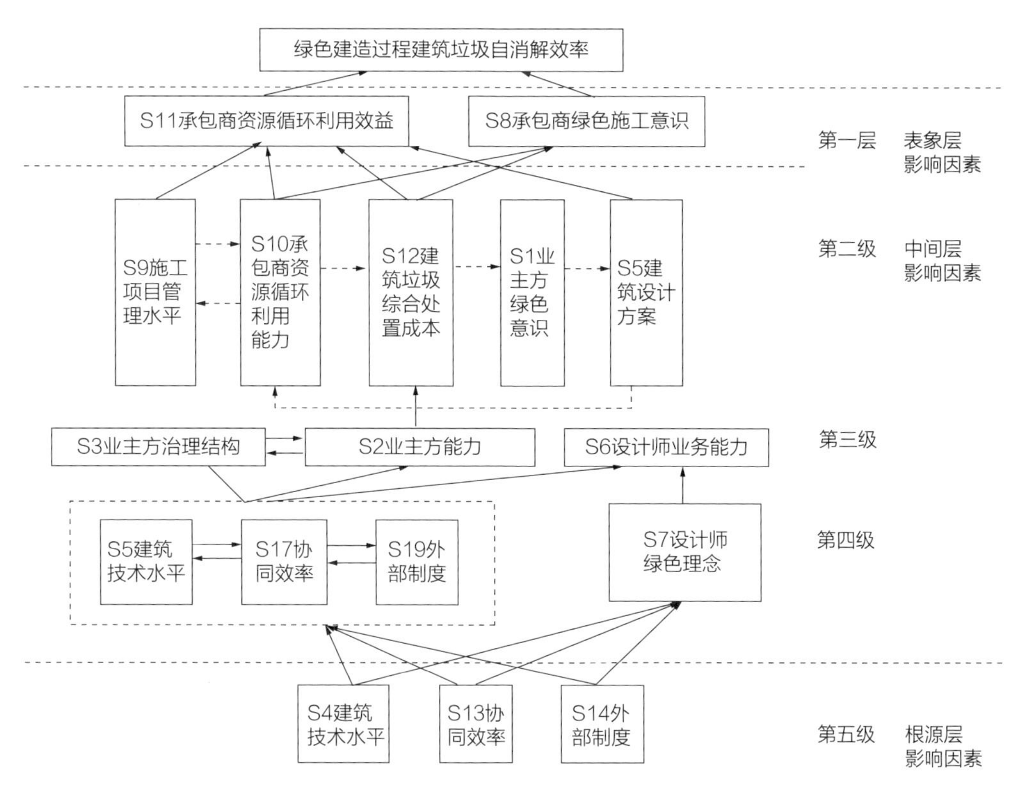

图 5-5　绿色建造过程建筑垃圾自消解影响因素的解释结构图

由图 5–5 可知，绿色建造过程建筑垃圾自消解影响因素的解释结构模型是一个五级的递增阶级系统。

第一层次因素是内部影响因素中的“承包商资源循环利用效益”“承包商绿色施工意识”；

第二层因素是“施工项目管理水平”“承包商资源循环利用能力”“建筑垃圾综合处置成本”“业主方绿色意识”“建筑设计方案”；

第三层因素是“业主方治理结构”“业主方能力”“设计师业务能力”；

第四层因素是“设计师绿色理念”；

第五层因素是“建筑技术水平”“协同效率”“外部制度”。

根据ISM关系理论，层级结构阶梯大致可分为根源层、中间层和表象层，不同层级的因素产生不同的影响作用。在该模型中，第一级的因素属于表象层因素，主要包括承包商的绿色施工意识、承包商资源循环利用的经济效益，这些因素对资源循环利用产生直接的影响作用，同时这些因素也受到中间层因素的影响，其他因素通过影响这些因素进而对绿色建造过程中的资源循环利用产生影响。第二、第三、第四层级的因素属于中间层因素，涉及从绿色策划、绿色设计到绿色施工以及建筑垃圾综合处置的全过程管理，这些因素对资源循环利用产生关键性的影响作用，它们作为中间因素，是连接深层影响因素和直接影响因素的纽带。第五层级因素属于根源层因素，主要包括建筑技术水平、协同效率以及外部制度，这些因素对资源循环利用产生长期的深层次的影响作用。

5.4 影响因素分析结论研讨

本章重点确定了影响绿色建造过程建筑垃圾自消解的重要因素类型，并分析了各因素之间的解释结构关系。

首先，基于绿色建造各个实施阶段的纵向分析，总结出19个影响因素，再结合专家调查问卷（附录A），运用单样本T检验对影响因素进行筛选与修正，确定14个主要影响因素。最后，为了更好揭示各因素的功能作用以及各因素之间的相互关系，对最终确定的14个影响因素运用解释结构模型（ISM）进一步揭示它们之间的结构层次关系（附录B），找出其中的表象层影响因素、中间影响因素和根源层影响因素。

表象层影响因素包括：“承包商资源循环利用效益”“承包商绿色施工意识”。表象层影响因素是绿色建造过程中影响建筑垃圾自消解的最直接、最基本的影响因素。

中间影响因素包括："施工项目管理水平""承包商资源循环利用能力""建筑垃圾综合处置成本""业主方绿色意识""建筑设计方案""业主方治理结构""业主方能力""设计师业务能力""设计师绿色理念"。中间层影响因素是连接根源层影响因素和表象层影响因素的纽带。

根源层影响因素包括："建筑技术水平""协同效率""外部制度"。根源层影响因素是绿色建造过程中建筑垃圾自消解的外部因素，通过影响中间影响因素进而作用于绿色建造过程建筑垃圾自消解系统。

绿色建造过程建筑垃圾自消解影响因素的确定为提出针对性策略提供了重要的分析基础。

第 6 章

基于系统序参量的资源循环利用协同机制

6.1 协同机制研究的基本思路

由第 5 章的研究可知，绿色建造过程中以建筑垃圾自消解方式进行资源循环利用的影响因素分为表象层因素、中间层因素、根源层因素三个层次，根源层影响因素通过对中间层因素的明确的、直接的干预来影响顶层因素，因而这些因素并不是各自独立地影响资源循环利用系统的运行，而是相互联系，相互作用，共同组成一个有机整体。虽然如此，上述因素对资源循环利用运行的影响也是有主次之分的，有的是关键的因素，如“协同效率”“外部制度”等，它涵盖了绿色建造的每个阶段；有的则是基础性的，如“承包商资源循环利用能力”“施工项目管理水平”等，它们的影响强度并非都是一样的，前者对资源循环利用系统的稳定性有着关键而长远的影响，后者的影响是支持性的。

本章引入协同学的系统序参量概念，因为诸多影响因素的主导主体不同，如在绿色策划阶段主导主体是业主方，在绿色采购阶段主导主体是供应商，这些主体为了自身收益最大化，决策结果往往不同甚至可能是相悖的，而系统序参量是各因素之间的作用结果，是问题的主要矛盾所在，是影响程度最大的因素。由于绿色建造过程资源循环利用系统是一个复杂的开放系统，其与社会、文化、政策、科技等环境交换物质信息等，它也是一个非线性系统，构成的各子系统并不是单纯的因果关系，而是存在非线性作用。由第 5 章得知该系统是一个整体并拥有三个层级结构，每一层次影响因素都有一个或几个因素即系统序参量起到控制到该层次的核心的作用，各层次的系统序参量构成了整个系统的序参量集，序参量集使系统达到更有序的状态，即实现系统的协同性。所以说，以序参量为核心的协同机制决定了系统的协同效率。

因此，本章基于协同学的系统序参量的作用机理，从两个维度进行研究，第一维度是对每一层次所包含的因素进行重要性定量识别，以便找到该层次的主导因素；第二维度是对这三个层级因素的重要性进行定量识别，以便找到影响绿色建造过程资源循环利用系统运行的关键因素，即序参量，以此找出序参量集。然后根据第 5 章影响因素层次结构及本章序参量集的识别，描述绿色建造过程中基于序参量的资源循环利用协同运行机制，基本思路如图 6-1 所示。

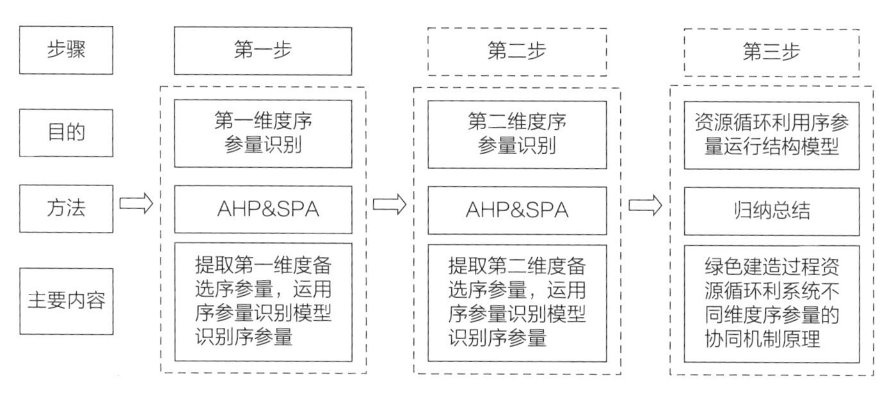

图 6-1　绿色建造过程基于序参量的资源循环利用协同机制分析思路

6.2　绿色建造过程资源循环利用系统序参量识别模型

在绿色建造过程中，对资源循环利用系统序参量的识别实际上是一个综合评价的问题。本文根据层次分析法（AHP）构造判断矩阵，然后试图引进集对分析法（Set-Pair Analysis，SPA）中的联系度构建指标权重模型，从而为识别绿色建造过程中循环利用的序参量提供新思路。集对分析法是由赵克勤将自然辩证法结合集合论而提出的不确定性理论，其联系度能够处理各专家评委的认识差异，因此可以最大限度地弱化各个专家评委的主观随意性[70]。集对分析中的联系度可以表示为：$\mu = a + bi + cj$，其中 a 为同一度，b 为差异度，c 为对立度，i、j 分别为不确定系数和对立系数。本文在对评价对象评价时，发现专家评委的意见截然相反的可能性极小，于是采用 $\mu = a + bi$ 的同异模型。

6.2.1　SPA 法与 AHP 法比较

SPA 法与 AHP 法的比较见表 6-1。

AHP 法与 SPA 法比较 表 6-1

AHP 法	AHP 法运算中只是通过一致性检验来确定某一专家对各个指标批判断的矛盾与否，当一致性指标 $CI=(\lambda_{max}-n)/(n-1)<0.1$ 时，认为可行，即具有满意的一致性。然后分析各个专家的意见得到权重，之后对各个专家得到的权重进行均值化，进而得到最终权重
SPA 法	使用 AHP 法中的判断方法得到专家评价矩阵，之后对其进行一致性检验，然后通过集对理论中的同异反思想，把各专家对指标相对重要度的共性认识和差异认识用矩阵形式表示，再对其进行相容性分析，最终得到权重
比较	SPA 法集成了传统方法处理不确定性信息的优点，从辩证的角度系统地分析和处理确定因素与不确定因素以及它们之间的联系和转化，从而能够全面地进行定性与定量的评价。因此，相比较而言，SPA 法更加严谨

6.2.2 集对模型原理

假设 r 个专家组成的评委会进行系统序参量的识别工作，重要因素集 $X=\{X_k\}$，$k=1, 2, \cdots\cdots, n$。每个专家对各因素重要性进行两两比较，得到评价矩阵 M_{zkl}，且 $z=1, 2, \cdots\cdots, m$；$k=1, 2, \cdots\cdots, n$；$l=1, 2, \cdots\cdots, n$。该矩阵为第 z 个专家评价某两个因素的相对重要性。

$$M_{zkl}=\begin{bmatrix} x_{z11} & \cdots\cdots & x_{z1n} \\ \vdots & \ddots & \vdots \\ x_{zn1} & \cdots\cdots & x_{znn} \end{bmatrix}，且\ x_{zkl}=\frac{1}{x_{zlk}} \tag{1}$$

接着为描述各因素的相对重要性，采用联系度矩阵构建联系度模型 μ_{qkl}。

$$\mu_{qkl}=A_{kl}+B_{kl}i=\begin{bmatrix} a_{11} & \cdots\cdots & a_{1n} \\ \vdots & \ddots & \vdots \\ a_{n1} & \cdots\cdots & a_{nn} \end{bmatrix}+\begin{bmatrix} b_{11} & \cdots\cdots & b_{1n} \\ \vdots & \ddots & \vdots \\ b_{n1} & \cdots\cdots & b_{nn} \end{bmatrix} i \tag{2}$$

其中，$a_{k1}=\begin{cases} \min\limits_{z}\{x_{zkl}\}, & x_{zkl}\geqslant 1 \\ \max\limits_{z}\{x_{zkl}\}, & x_{zkl}\leqslant 1 \end{cases}$；

$b_{k1}=\begin{cases} \left|\max\limits_{z}\{x_{zkl}\}-\min\limits_{z}\{x_{zkl}\}\right|, & x_{zkl}\geqslant 1 \\ -\left|\max\limits_{z}\{x_{zkl}\}-\min\limits_{z}\{x_{zkl}\}\right|, & x_{zkl}\leqslant 1 \end{cases}$，且 $z=1, 2, \cdots\cdots, r$；

$k=1, 2, \cdots\cdots, n$；$l=1, 2, \cdots\cdots, n$。

A_{kl} 表示专家组对各个要素之间比较重要性的一致性评价矩阵；B_{kl} 表示专家组对各个要素之间比较重要性的差异性评价矩阵。

因 $x_{zkl}=\dfrac{1}{x_{zlk}}$，有 $\max\{x_{zkl}\}=\dfrac{1}{\min\{x_{zlk}\}}, a_{kl}=\dfrac{1}{a_{lk}}$。

特别指出的是，即便各专家对各因素之间相对重要性的打分有差异，但是由于专家的专业素养等，这种差异并不会太大，一般情况是各个专家的认识比较接近，本文考虑专家认识的差异较小，可以取 $i = 0.5$。

根据相容矩阵法对同一性矩阵进行一致性处理：令 $d_{kj} = \sqrt[n]{\prod_{p=1}^{n} a_{kp} \cdot a_{kl}}$，

其中，$d_{ii} = 1$，$d_{ij} = \frac{1}{d_{ji}}$，$d_{ij} = d_{ik} \cdot d_{kj}$，得相容矩阵：$D_{kl} = \{d_{kl}\}$。

且权重集 $w_k = \frac{c_k}{\sum_{1}^{n} c_s}$，$k = 1, 2, \cdots\cdots, n$。　　(3)

其中，$c_s = \sqrt[n]{\prod_{l=1}^{n} d_{kl}}$

随着专家对所研究范畴的知识和履历的不断增加，μ 会逐步变小，要素权重变化区间也会变小，这表明专家们的认识差别性变小，因素权重值也越来越明确和清晰。因此，该模型结合了专家知识的确定性和不确定性，可以在一定程度上用来客观地评估影响因素的相对重要性[71, 72]。

6.3　绿色建造过程资源循环利用系统二维序参量识别

6.3.1　第一维度序参量识别

1. 第一维度中间层序参量的识别

综上所述，本文对第一维度中间层影响因素序参量识别模型分为以下七个步骤。

（1）确定备选序参量。根据本书第3章的分析，备选序参量包括S1业主方绿色意识、S2业主方能力、S3业主方治理结构、S5建筑设计方案、S6设计师业务能力、S7设计师绿色理念、S9施工项目管理水平、S10承包商资源循环利用能力、S12建筑垃圾综合处置成本等九个因素。

（2）确定评价标准。以备选序参量中的各因素作为评价对象，相应的评价标准见表6–2。

（3）合理选择评价专家。评价专家为本书第3章中确定绿色建造资源循环利用影响因素邻接矩阵的五位专家，他们是知名教授或者优秀的项目经理。

备选序参量的评价标准 表 6-2

比较含义	数值结果
两要素比较，具有相同重要性	1
两要素比较，前者比后者稍微重要	3
两要素比较，前者比后者明显重要	5
两要素比较，前者比后者强烈重要	7
两要素比较，前者比后者极端重要	9

注：当数值等于 2、4、6、8 时，表示相邻比较含义的中间值。

（4）构建评价矩阵。综合调查问卷（附录 C），由专家给出评价值。专家给出某因素评价值的依据主要有三点：一是结合自己所在领域或工作岗位的实际情况；二是该因素对绿色建造资源循环的作用大小；三是各因素比较后的相对重要性。另，因素之间评价顺序即为步骤（1）中备选序参量的排列顺序。得到 5 个专家评价矩阵。

$$M_{1kl}=\begin{bmatrix} 1 & 5 & 3 & 1/3 & 1 & 1 & 3 & 7 & 1 \\ 1/5 & 1 & 3 & 4 & 5 & 5 & 3 & 7 & 2 \\ 1/3 & 1/3 & 1 & 1 & 1 & 1 & 1/5 & 1 & 1/7 \\ 3 & 1/4 & 1 & 1 & 5 & 5 & 7 & 2 & 4 \\ 1 & 1/5 & 1 & 1/5 & 1 & 7 & 1 & 1 & 1 \\ 1 & 1/5 & 1 & 1/5 & 1/7 & 1 & 1/3 & 1/7 & 1/5 \\ 1/3 & 1/3 & 5 & 1/7 & 1 & 3 & 1 & 5 & 1 \\ 1/7 & 1/7 & 1 & 1/2 & 1 & 7 & 1/5 & 1 & 3 \\ 1 & 1/2 & 7 & 1/4 & 1 & 5 & 1 & 1/3 & 1 \end{bmatrix}$$

$$M_{2kl}=\begin{bmatrix} 1 & 4 & 3 & 1/3 & 2 & 1 & 3 & 6 & 1 \\ 1/4 & 1 & 3 & 4 & 5 & 7 & 3 & 5 & 2 \\ 1/3 & 1/3 & 1 & 1 & 3 & 1 & 1/5 & 1 & 1/6 \\ 3 & 1/4 & 1 & 1 & 5 & 5 & 7 & 2 & 4 \\ 1/2 & 1/5 & 1/3 & 1/5 & 1 & 5 & 1 & 1 & 1 \\ 1 & 1/7 & 1 & 1/5 & 1/5 & 1 & 1/4 & 1/7 & 1/5 \\ 1/3 & 1/3 & 5 & 1/7 & 1 & 4 & 1 & 6 & 1/2 \\ 1/6 & 1/5 & 1 & 1/2 & 1 & 7 & 1/6 & 2 & 3 \\ 1 & 1/2 & 6 & 1/4 & 1 & 5 & 1 & 1/3 & 1 \end{bmatrix}$$

$$M_{3kl}=\begin{bmatrix} 1 & 6 & 5 & 1/3 & 1 & 1 & 3 & 7 & 1 \\ 1/6 & 1 & 3 & 4 & 6 & 4 & 3 & 7 & 1 \\ 1/5 & 1/3 & 1 & 1 & 1 & 1 & 1/5 & 1 & 1/7 \\ 3 & 1/4 & 1 & 1 & 4 & 5 & 7 & 2 & 4 \\ 1 & 1/6 & 1 & 1/5 & 1 & 7 & 1 & 1 & 1 \\ 1 & 1/4 & 1 & 1/4 & 1/7 & 1 & 1/5 & 1/7 & 1/4 \\ 1/3 & 1/3 & 5 & 1/7 & 1 & 5 & 1 & 5 & 1 \\ 1/7 & 1/7 & 1 & 1/2 & 1 & 7 & 1/5 & 1 & 3 \\ 1 & 1 & 7 & 1/4 & 1 & 4 & 1 & 1/3 & 1 \end{bmatrix}$$

$$M_{4kl}=\begin{bmatrix} 1 & 4 & 2 & 1/5 & 3 & 1 & 3 & 6 & 1 \\ 1/4 & 1 & 3 & 4 & 5 & 5 & 3 & 7 & 2 \\ 1/2 & 1/3 & 1 & 2 & 1 & 1 & 1/5 & 1 & 1/7 \\ 5 & 1/4 & 1/2 & 1 & 4 & 5 & 6 & 2 & 3 \\ 1/3 & 1/5 & 1 & 1/4 & 1 & 7 & 1 & 1 & 1 \\ 1 & 1/5 & 1 & 1/5 & 1/7 & 1 & 1/3 & 1/7 & 1/6 \\ 1/3 & 1/3 & 5 & 1/6 & 1 & 3 & 1 & 5 & 1 \\ 1/6 & 1/7 & 1 & 1/2 & 1 & 7 & 1/5 & 1 & 2 \\ 1 & 1/2 & 7 & 1/3 & 1 & 6 & 1 & 1/2 & 1 \end{bmatrix}$$

$$M_{5kl}=\begin{bmatrix} 1 & 5 & 3 & 1/2 & 1 & 1/2 & 3 & 7 & 1 \\ 1/5 & 1 & 3 & 4 & 5 & 4 & 3 & 6 & 3 \\ 1/3 & 1/3 & 1 & 1 & 1 & 1 & 1/5 & 1 & 1/7 \\ 2 & 1/4 & 1 & 1 & 5 & 5 & 7 & 2 & 5 \\ 1 & 1/5 & 1 & 1/5 & 1 & 7 & 1 & 1 & 1 \\ 2 & 1/4 & 1 & 1/5 & 1/7 & 1 & 1/4 & 1/7 & 1/5 \\ 1/3 & 1/3 & 5 & 1/7 & 1 & 4 & 1 & 5 & 1 \\ 1/7 & 1/6 & 1 & 1/2 & 1 & 7 & 1/5 & 1 & 4 \\ 1 & 1/3 & 7 & 1/5 & 1 & 5 & 1 & 1/4 & 1 \end{bmatrix}$$

（5）确定权重的联系度表达式。根据公式（2）和步骤（4）得：

$$\mu_{qkl}=A_{kl}+B_{kl}i,\ i=0.5$$

$$且A_{kl}=\begin{bmatrix} 1 & 4 & 2 & 1/2 & 1 & 1 & 3 & 6 & 1 \\ 1/4 & 1 & 3 & 4 & 5 & 4 & 3 & 5 & 1 \\ 1/2 & 1/3 & 1 & 1 & 1 & 1 & 1/5 & 1 & 1/6 \\ 2 & 1/4 & 1 & 1 & 4 & 5 & 6 & 2 & 3 \\ 1 & 1/5 & 1 & 1/5 & 1 & 5 & 1 & 1 & 1 \\ 1 & 1/4 & 1 & 1/4 & 1/5 & 1 & 1/3 & 1/7 & 1/4 \\ 1/3 & 1/3 & 5 & 1/6 & 1 & 3 & 1 & 5 & 1 \\ 1/6 & 1/5 & 1 & 1/2 & 1 & 7 & 1/5 & 1 & 2 \\ 1 & 1 & 6 & 1/3 & 1 & 4 & 1 & 1/2 & 1 \end{bmatrix}$$

$$B_{kl}=\begin{bmatrix} 0 & 2 & 3 & -3/10 & 2 & -1/2 & 0 & 1 & 0 \\ -1/12 & 0 & 0 & 0 & 1 & 3 & 0 & 2 & 2 \\ -3/10 & 0 & 0 & 1 & 2 & 0 & 0 & 0 & -1/42 \\ 3 & 0 & -1/2 & 0 & 1 & 0 & 1 & 0 & 2 \\ -2/3 & -1/30 & -2/3 & 0 & 0 & 2 & 0 & 0 & 0 \\ 1 & -3/28 & 0 & -1/20 & -2/35 & 0 & -2/15 & 0 & -1/12 \\ 0 & 0 & 0 & -1/42 & 0 & 2 & 0 & 1 & -1/2 \\ -1/42 & 2/35 & 0 & 0 & 0 & 0 & -1/30 & 0 & 2 \\ 0 & -2/3 & 1 & -2/15 & 0 & 2 & 0 & -1/4 & 0 \end{bmatrix}$$

（6）计算权重系数。根据公式（3）和步骤（5）得：

$$W=(w_1,\ w_2,\ w_3,\ w_4,\ w_5,\ w_6,\ w_7,\ w_8,\ w_9)$$

$$=(0.161,\ 0.230,\ 0.051,\ 0.168,\ 0.032,\ 0.084,\ 0.125,\ 0.068,\ 0.081)$$

（7）序参量识别。由于 w_1，w_2，……，w_9 对应的因素分别是业主方绿色意识、业主方能力、业主方治理结构、建筑设计方案、设计师业务能力、设计师绿色理念、施工项目管理水平、承包商资源循环利用能力、建筑垃圾综合处置成本。因此，在这九个因素中，根据权重大小排序为：

业主方能力（权重为 0.230）；

建筑设计方案（权重为 0.168）；

业主方绿色意识（权重为 0.161）；

施工项目管理水平（权重为 0.125）；

设计师绿色理念（权重为 0.084）；

建筑垃圾综合处置成本（权重为 0.081）；

承包商资源循环利用能力（权重为 0.068）；

业主方治理结构（权重为 0.051）；

设计师业务能力（权重为 0.032）。

可以看出，业主方能力、建筑设计方案、业主方绿色意识、施工项目管理水平因素与其他五个因素的权重值相差较大。

依据协同学中的序参量理论，在系统运行中，序参量支配着其他变量，主导着系统的演化行为和方向，序参量能够度量和揭示系统的协同性。鉴于序参量的以上特征，并联系以上所计算出的权重值及其分析，可以得出影响绿色建造过程中资源循环利用的中间层因素的序参量为业主方能力、建筑设计方案、业主方绿色意识、施工项目管理水平，它们是在中间层起支配作用的关键因素。示意图如图 6-2 所示。

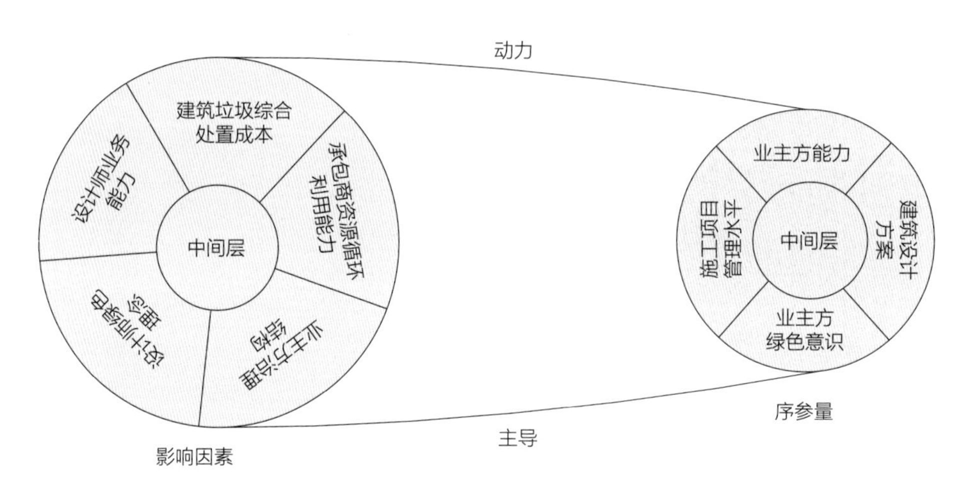

图 6-2　中间层因素示意图

2. 第一维度根源层序参量的识别

对根源层序参量识别的步骤和对中间层序参量识别方法相同，以下简单叙述。

（1）备选序参量包括S4建筑技术水平、S13协同机制、S14外部制度三个因素。

（2）构建评价矩阵。由专家给出评价值。由于篇幅有限，以下列出 1 个专家的评分结果：

$$M_{1kl}=\begin{bmatrix} 1 & 2 & 1/4 \\ 1/2 & 1 & 2 \\ 4 & 1/2 & 1 \end{bmatrix}$$

（3）确定权重的联系度表达式。根据公式（2）和上文步骤（3）得：

$$\mu_{qkl}=A_{kl}+B_{kl}i,\ i=0.5$$

$$\text{且 } A_{kl}=\begin{bmatrix} 1 & 2 & 1/4 \\ 1/2 & 1 & 2 \\ 4 & 1/2 & 1 \end{bmatrix}$$

$$B_{kl}=\begin{bmatrix} 0 & 1 & -1/20 \\ -1/6 & 0 & 1 \\ 2 & -1/6 & 0 \end{bmatrix}$$

（4）计算权重系数。根据公式（3）和上文步骤（5）得：

$$\begin{aligned} W &= (w_1,\ w_2,\ w_3) \\ &= (0.181,\ 0.360,\ 0.457) \end{aligned}$$

（5）序参量识别。由于 w_1，w_2，w_3 对应的因素分别是建筑技术水平、协同机制、外部制度。因此，在这三个因素中，根据权重大小排序为：

外部制度（权重为 0.457）；

协同机制（权重为 0.360）；

建筑技术水平（权重为 0.181）。

所以，外部制度、协同机制是影响绿色建造过程中资源循环利用的根源层因素的序参量，它们是在根源层起支配作用的关键因素。

3. 第一维度表象层序参量的识别

对表象层序参量识别的步骤与上述方法相同，以下简单叙述：

（1）备选序参量包括 S8 承包商绿色施工意识、S11 承包商资源循环利用效益两个因素。

（2）构建评价矩阵。由专家给出评价值。以下列出一个专家的评分结果：

$$\boldsymbol{M}_{1kl}=\begin{bmatrix}1 & 1/7\\ 7 & 1\end{bmatrix}$$

（3）确定权重的联系度表达式。根据公式（2）和上文步骤（4）得：

$$\boldsymbol{\mu}_{qkl}=\boldsymbol{A}_{kl}+\boldsymbol{B}_{kl}\boldsymbol{i},\ i=0.5$$

$$且\ \boldsymbol{A}_{kl}=\begin{bmatrix}1 & 1/5\\ 6 & 1\end{bmatrix}$$

$$\boldsymbol{B}_{kl}=\begin{bmatrix}0 & -2/35\\ 2 & 0\end{bmatrix}$$

（4）计算权重系数。根据公式（3）和上文步骤（5）得：

$$\begin{aligned}W&=(w_1,\ w_2)\\ &=(0.125,\ 0.875)\end{aligned}$$

（5）序参量识别。由于 w_1，w_2 对应的因素分别是承包商绿色施工意识、承包商资源循环利用效益。因此，在这两个因素中，根据权重大小排序为：

承包商绿色施工意识（权重为 0.125）；

承包商资源循环利用效益（权重为 0.875）。

所以，承包商绿色施工意识是影响绿色建造过程中资源循环利用的表象层因素的序参量，它是在表象层起支配作用的关键因素。

6.3.2 第二维度序参量的识别

（1）备选序参量包括表象层影响因素、中间层影响因素、根源层影响因素。

（2）构建评价矩阵。由专家给出评价值。以下专家的评分结果：

$$M_{1kl}=\begin{bmatrix}1 & 1 & 1/2\\ 1 & 1 & 1\\ 2 & 1 & 1\end{bmatrix}$$

$$M_{2kl}=\begin{bmatrix}1 & 1 & 1\\ 1 & 1 & 1\\ 1 & 1 & 1\end{bmatrix}$$

$$M_{3kl}=\begin{bmatrix}1 & 2 & 1/4\\ 1/2 & 1 & 2\\ 4 & 1/2 & 1\end{bmatrix}$$

$$M_{4kl}=\begin{bmatrix}1 & 2 & 1/4\\ 1/2 & 1 & 2\\ 4 & 1/2 & 1\end{bmatrix}$$

$$M_{5kl}=\begin{bmatrix} 1 & 2 & 1/4 \\ 1/2 & 1 & 2 \\ 4 & 1/2 & 1 \end{bmatrix}$$

（3）确定权重的联系度表达式。根据公式（2）和上文步骤（4）得：

$$\boldsymbol{\mu}_{qkl}=\boldsymbol{A}_{kl}+\boldsymbol{B}_{kl}\boldsymbol{i},\ i=0.5$$

$$\text{且}\ \boldsymbol{A}_{kl}=\begin{bmatrix} 1 & 1 & 1 \\ 1 & 1 & 1 \\ 1 & 1 & 1 \end{bmatrix}$$

$$\boldsymbol{B}_{kl}=\begin{bmatrix} 0 & 1 & -3/4 \\ -1/2 & 0 & 1 \\ 3 & -1/2 & 0 \end{bmatrix}$$

（4）计算权重系数。根据公式（3）和上文步骤（5）得：

$W=（w_1，w_2，w_3）$

$=（0.235，0.296，0.469）$

（5）序参量识别。由于 w_1，w_2，w_3 对应的因素分别是表象层影响因素、中间层影响因素、根源层影响因素。因此，在这三个层次因素中，根据权重大小排序为：

表象层因素（权重为 0.235）；

中间层因素（权重为 0.296）；

根源层因素（权重为 0.469）。

由此可见，根源层因素与表象层因素、中间层因素相比较，根源层因素的影响程度更大，表象层与中间层因素影响的重要性大致相近。所以，在整个绿色建造过程建筑垃圾自消解资源循环利用系统中，根源层因素起到了决定性作用。

在分析每个因素影响程度后，识别出的序参量之间存在着既依赖又竞争的关系。绿色建造过程建筑垃圾自消解资源循环利用系统的有序结构由这些参数的竞争与合作达到的相对均衡状态所决定，每个序参量确定该层级影响因素的宏观结构和相应的微观状态。

由此所得出的序参量集为 {承包商资源循环利用效益、业主方能力、建筑设计方案、业主方绿色意识、施工项目管理水平、设计师绿色理念、外部制度、协同效率}。因从第二维度的分析得到根源层影响因素是关键因素，所以“外部制度”和“协同效率”是最终取得整个系统结构的控制权的影响因素，这个序参量是在绿色建造过程中，影响建筑垃圾自消解时资源循环利用效率最慢的序参量。因此，“外部制度”和“协同效率”是绿色建造过程资源循环利用协同机制的核心要素。

综上所述，两个维度的影响因素权重系数及序参量示意如图 6–3 所示。

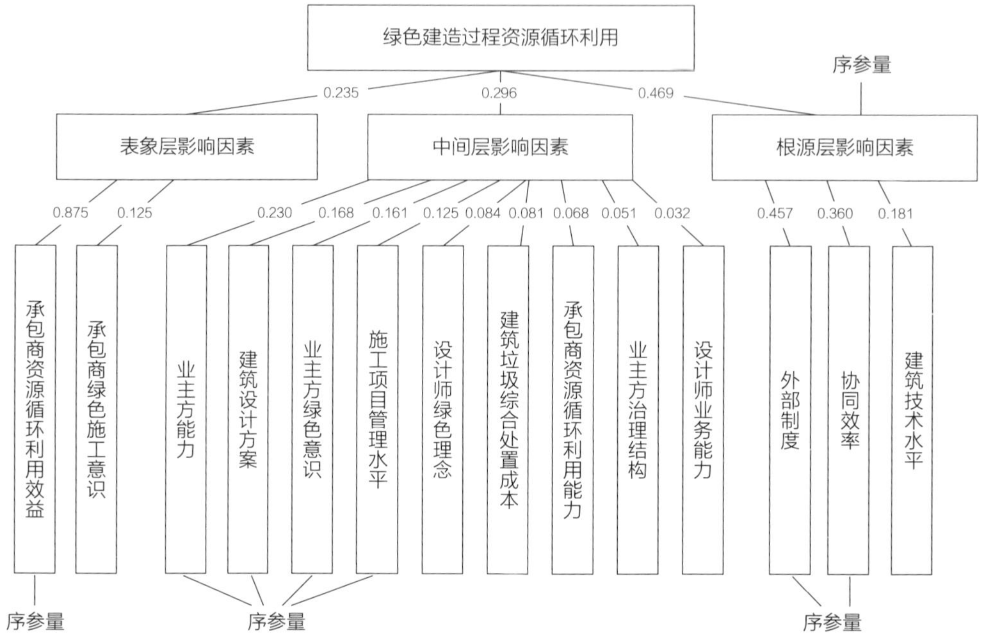

绿色建造过程资源循环利用
0.235 0.296 0.469
序参量
表象层影响因素
中间层影响因素
根源层影响因素
0.875 0.125
0.230 0.168 0.161 0.125 0.084 0.081 0.068 0.051 0.032
0.457 0.360 0.181
承包商资源循环利用效益
承包商绿色施工意识
业主方能力
建筑设计方案
业主方绿色意识
施工项目管理水平
设计师绿色理念
建筑垃圾综合处置成本
承包商资源循环利用能力
业主方治理结构
设计师业务能力
外部制度
协同效率
建筑技术水平
序参量
序参量
序参量

图 6-3　绿色建造过程资源循环利用影响因素权重系数及序参量示意图

6.4　基于序参量的绿色建造过程资源循环利用系统协同机制

6.4.1　协同机制的逻辑关系

在绿色建造过程中，采用建筑垃圾自消解方式，资源循环利用系统基于序参量的协同机制示意图如图 6–4 所示。在该示意图中，根源层因素、中间层因素和表象层因素产生作用是相互关联的。表象层因素对绿色建造过程资源循环利用产生直接的影响作用；中间层因素是连接根源层影响因素与表象层影响因素的纽带，表象层因素受到中间层因素的影响，中间层因素对资源循环利用产生关键性的影响作用，但中间层因素通过影响表象因素才能对绿色建造过程资源循环利用产生影响；根源层因素通过对中间层因素、表象层因素施加影响作用，对绿色建造过程资源循环利用产生长期的、深层次的影响作用。

表象层影响因素、中间层影响因素、根源层影响因素所对应的序参量构成第二维度序参量集。通过比较分析第二维度序参量集中各个元素对于资源循环利用系统运行的作用，可以推演出协同效率、外部制度对绿色建造过程资源循环利用运行系统的运行速度和演化方向显现出关键的导向作用和制约作用。

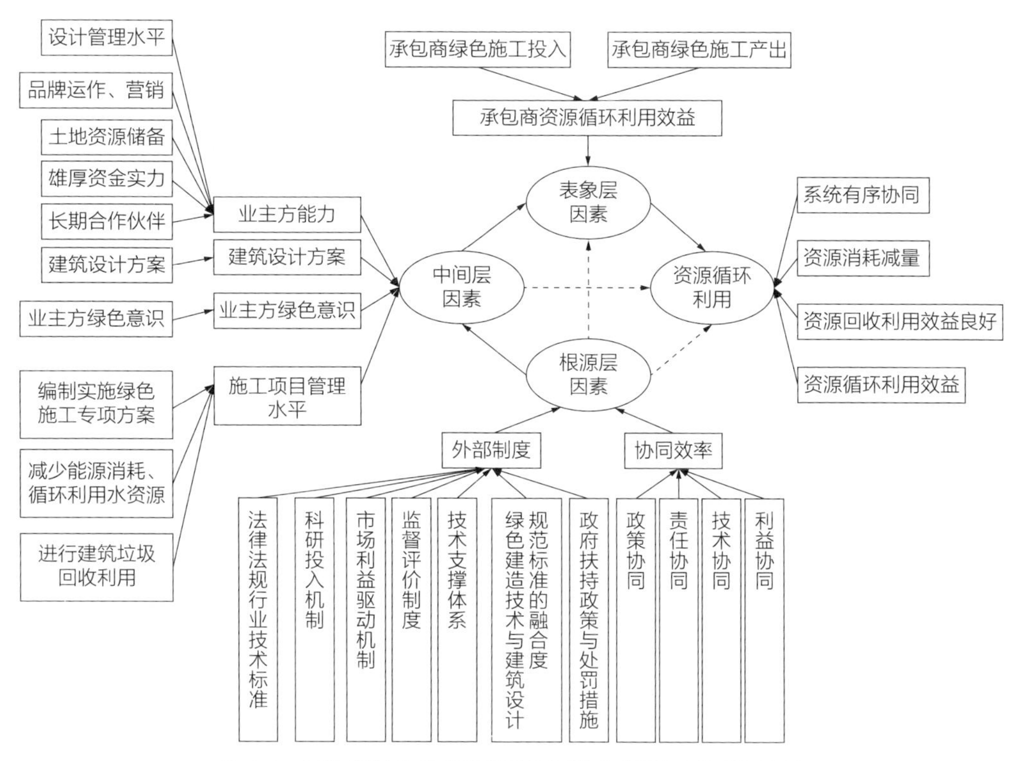

图 6-4　绿色建造过程资源循环利用系统序参量协同机制示意图

6.4.2　协同机制的核心要素

绿色建造过程资源循环利用协同机制的运行和最终效果取决于政策协同（包含条块政策协同、条条政策协同、块块政策协同）、利益相关方协同（包含组织协同、责任协同、利益协同）、技术协同（包含专业协同、时序协同、工艺协同）、价值链协同（包含资源协同、信息协同、供应链协同）等决定着系统协同效率的核心要素。

1. 政策协同

在绿色建造过程中，政策协同具有政府主导性、主体（利益相关方）多元性、过程渐进性、效果有限性等特征。政策协同目标的实现则依赖于协同理念的达成、政策层的推动、有效的协同方案和恰当的时机。政策协同的要义在于不同地区、不同部门合理表达价值主张，通过建立相关机制，将各自的诉求有机结合，寻找系统优化的最佳结合点。政策协同的主要着力点在于处理好条块政策协同、条条政策协同、块块政策协同。

（1）条块政策协同

条块政策协同是解决地区与行业之间关系的政策协同。加强跨地区、跨行业协同。

（2）条条政策协同

条条政策协同是解决行业与行业之间关系的政策协同。加强不同行业之间协同。

（3）块块政策协同

块块政策协同是解决地区与地区之间关系的政策协同。加强不同地区间协同。

政策协同贯穿于政策目标的协调、政策内容的协商、政策的共同执行等过程。在政策协同过程中，政策目标是居于首位的，各领域围绕政策目标制定相应政策，政策内容应符合政策目标的发展导向。在绿色建造目标背景下，采用建筑垃圾自消解方式进行资源循环利用的政策协同的主要路径有生态环境政策协同、能源政策协同、产业政策协同、交通运输政策协同、循环经济政策协同等。

2. 利益相关方协同

正如前文所述，在建筑产品的生成过程以及全寿命期涉及众多的利益相关方。通常，这些利益相关方都是独立的经济主体。在面向建筑垃圾采用自消解方式进行资源循环利用时，利益相关方的诉求和目标并非完全一致，利益相关方协同主要包含组织协同、责任协同和利益协同。

（1）组织协同

围绕建筑垃圾资源化循环利用过程中众多有直接的、间接的利益相关方，这些利益相关方可以分为内部组织和外部组织。通过整合内部业务与外部业务流程的接口管理，遵循各利益相关方都能认同和执行的规则，淡化企业组织之间行政权力的边界束缚，共享过程信息，创造不同的业务系统之间的协同效应，形成内外互动协作的松散型、联盟型组织结构，使承包商内部与外部组织之间的协同成为创造经济价值的基础。

（2）责任协同

尽管在绿色建造过程中，每一个利益相关方都有其独立的诉求，但在工程项目建设的最终目标上应当是一致的。如果工程建设的目标没有达成，则表明各相关方的法定任务没有完成。这就意味着每一个利益相关方都在资源循环利用系统中担当特定的角色，承担特定的责任，履行特定的职责，并且在角色责任上是相互关联的，构建覆盖全系统的责任体系。责任协同可以减轻单个相关主体角色状态的局限性和不稳定性。每一个利益相关方通过相互配合、平台协作、跨界集成，共同履行职责，完成计划设定的目标任务。

（3）利益协同

在绿色建造过程中，建筑垃圾自消解处理的相关方在利益方面的协同是资源循环利用的基础和前提条件。应当准确识别利益相关方的需求，充分考虑利益相关方痛点和机会成本支出。利益协同的核心要义在于相关方的合作共赢，并使各个主体都能够获得期望的、直接的或间接的利益。这种利益可以依靠开放条件下的共享或者市场化的运作而实现的。利益协同应当建立在互利、自愿和竞争的基础之上，让系统中的每一个利益相关方都获得合理收益，才会形成高效率的制度安排和交易结构，才能激发每一个利益相关方的潜力。

3. 技术协同

在绿色建造过程中，如果按照建筑产品技术的专业维度，建筑垃圾自消解原理的应用涉及设计技术、结构技术、材料技术、施工技术；如果按照建筑产品寿命周期的时序维度，建筑垃圾自消解原理的应用涉及工程立项决策阶段、设计阶段、材料采购阶段、施工阶段；如果按照建筑产品分部分项构成的工艺维度，建筑垃圾自消解原理的应用涉及基础工程、主体结构工程、设备管线工程、装修工程。将时序维度作为 X 轴、将工艺维度作为 Y 轴、将专业维度作为 Z 轴，构建三维立体矩阵坐标系，形成多元化技术协同网络。如图 6–5 所示。围绕资源化循环利用目标，网络图中的每一个节点都可视作为协同关系环节。技术协同包含专业协同、时序协同、工艺协同。

（1）专业协同

面向建筑产品的专业领域，推动建筑设计技术、结构技术、材料技术、施工技术创新指向的同步协调并相互衔接，构建有利于建筑垃圾自消解的技术体系。

（2）时序协同

面向建筑产品全寿命期的各个阶段，在建筑产品形成的时序路径上，综合设置建筑垃圾的产生环节和自消解方案，确保在竣工交付之前把建筑垃圾资源化利用于施工过程中。

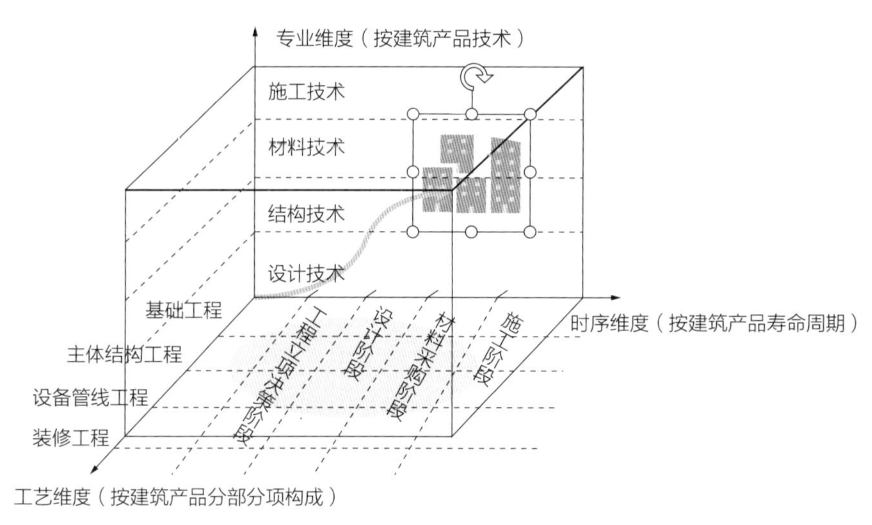

图 6-5 技术协同三维立体矩阵示意图

（3）工艺协同

通过数字化手段推进基础、主体结构、设备管线、装修等多流程一体化集成设计、工业化加工、模块化施工，提高建筑整体性，确保设计深度满足材料采购和施工要求，从源头减少建筑垃圾，开展资源化循环利用，发挥绿色建筑系统集成综合优势。

4. 价值链协同

根据迈克尔·波特对价值链的定义，企业的纵向业务从原材料开始，到把产品交付给消费者所涉及的各个环节，包括设计、生产、销售、交货、维修服务等每一项经营活动都能够产生价值，这些相互关联的活动就构成了创造价值的动态过程，即企业的价值链[73]。把价值链原理应用于绿色建造过程中，建筑垃圾的自消解资源化利用方式是由一系列活动组成，这些活动或者过程分布于不同的主体及其对应的工作阶段，构成以减少垃圾污染、提高资源化利用率为目标，跨越设计、采购、施工等多个阶段、多个组织边界的价值创造体系。

通常可以利用价值流程图分析价值目标实现的现状，并根据优化原则及绿色发展目标设计未来新的价值流程图，然后根据未来图与现状图的差别制定有针对性的改善措施，特别是不同主体、不同阶段之间的协同措施，使价值流程处于效率最佳状态。

不同主体、不同阶段之间基于建筑垃圾资源化循环利用的价值创造体系的协同措施涉及具有不同属性的专业系统。在建筑产品生成的整个环境中，各个专业系统间存在着相互影响而又相互合作的关系。例如，不同单位之间的相互配合与协作，不同部门之间关系的协调，不同企业之间相互竞争的作用，以及系统中业务环节的相互制约。参与协作的价值链成员企业之间通过相互激发和相互作用产生的整体效应或结构效应会对资源化利用结果产生较大的扰动作用。价值链协同的核心要义就在于对不同阶段、不同企业之间业务关系的组织和协调，通过相互间信息的沟通和业务流程的联动，专注于如何高效为利益相关方交付其需要的价值，对供应链和企业资源进行整合，增强供应链韧性，提升价值链整体竞争力。从产业链上相对独立且构成体系的价值活动出发，价值链协同主要包含信息协同、资源协同、供应链协同等。

（1）信息协同

信息协同是指在绿色建造过程中以信息为对象，按照统一的规则，使多个信息源在规定的时间和空间内实现信息的有序流转。有效的信息协同需要明确信息提供方、信息需求方、信息协同节点、信息协同流程，建立信息协同规则和责任机制。

（2）资源协同

为了推动建筑垃圾自消解处理机制的运行，系统的每一个环节都是资源配给和消耗的过程，即系统运行需要占用相关的资源，这些资源包括专业人才、材料设备、技术资料、资金、平台系统、数据库等。资源协同的目的是要通过资源的协同化使用，降低建筑垃圾自消解过程的成本。

（3）供应链协同

围绕建筑垃圾自消解系统实施全要素供应链协同。由工程总承包商或者全过程咨询服务商牵头，优化总体技术策划方案，统筹规划、设计、构件和部品部件生产和运输、施工安装和运营维护管理。依托数字技术搭建共享和沟通平台，建立科学公正的利益共享与风险分担机制。以减少资源消耗、提高资源循环利用率、零污染排放和提供低碳绿色建筑产品为目标，推进供应链上下游企业的系统集成、资源共享和联动发展。

6.4.3 协同机制的制度安排

绿色建造过程资源循环利用协同机制的运行和最终效果还将取决于政府绿色发展战略决策、绿色建造法律法规、科研开发资金投入、绿色技术体系发展规划、绿色标准与规范制定、政府及社会监督评价、绿色产品市场机制创新等外部制度性的安排。

6.5 资源循环利用协同机制研究总结

本章结合层次分析法和集对分析法中的联系度，构造序参量识别的模型，从两个维度进行分析，第一维度是对每一层次所包含的因素进行重要性定量识别，第二维度是对这三个层级的重要性定量识别。最后识别出绿色建造过程资源循环利用系统的序参量集为{承包商资源循环利用效益、业主方能力、建筑设计方案、业主方绿色意识、施工项目管理水平、设计师绿色理念、外部制度、协同效率}，因从第二维度的分析得到根源层影响因素是关键因素，所以，外部制度和协同效率是最终取得整个系统结构的控制权的影响因素，这个序参量是在绿色建造过程中，影响资源循环利用效率最慢的序参量。因而，协同效率和外部制度是绿色建造过程资源循环利用协同机制的重要序参量。协同机制运行的有效性在于政策协同、利益相关方协同（包含利益协同、责任协同）、技术协同（包含专业协同、时序协同、工艺协同）、价值链协同（包含资源协同、信息协同、供应链协同）等决定着系统协同效率的核心要素。

第7章 建筑垃圾资源化循环利用的协同策略

7.1 建筑垃圾自消解协同策略的内涵及体系

7.1.1 建筑垃圾自消解过程协同策略的内涵

一般而言，策略是在战略实施过程中为了实现某一个阶段目标而制定的若干对应的方案。在实现战略目标的过程中，根据情境的变化调整和优化方案，最终实现战略目标。由此可见，策略是战略解码的重要环节。当策略实施涉及多个主体、多个阶段、多个影响因素时，协同策略就成为系统或组织实现战略目标不可或缺的关键。协同策略是为了实现共同的目标，面向多个主体、多个阶段、多个影响因素所采取的行动方案和措施。

在绿色建造过程中，建筑垃圾自消解是一个复杂的开放系统，其复杂性表现在系统与外界环境，如社会、文化、政治、科技等环境交换能源、物质、信息等，它还是一个非线性系统，系统构成中的各子系统之间并不是单纯的因果关系，而是存在着非线性作用，并且该系统是一个整体并且拥有多层级的层次。正如本书第5章所述，根据各因素对绿色建造过程中建筑垃圾自消解系统所形成的作用能量大小，可以把各因素大致分为三个层次结构，其中，根源层因素是外部环境因素，通过中间层因素作用于表象层因素，中间层因素在较深层次上决定建筑垃圾自消解和资源的循环利用，表象层因素直接作用于建筑垃圾自消解过程。因此，为了实现建筑垃圾资源化循环利用的目标，也必须实施多层次、多维度的协同策略。

7.1.2 建筑垃圾自消解过程协同策略体系

建筑垃圾自消解过程协同策略涉及多重影响因素，多个行为主体，多个工序过程，多项业务关联，多维度政策着力点，由此构成相互联系、合作共赢的协同策略体系。

通过组织结构形式创新可以形成多个行为主体之间的协同策略。通过技术集成可以形成多个工序过程之间的协同策略。通过管理流程再造可以形成多项业务关系衔接的协同策略。通过构建利益共同体可以形成多维度政策的协同策略。通过项目管理系统平台可以形成建造过程各阶段之间的协同策略。

针对多重影响因素的协同策略是本章讨论的重点。

7.2 基于根源层因素的建筑垃圾自消解协同策略

根源层因素对绿色建造过程中建筑垃圾的影响程度最高，它通过作用于中间层与表象层进而作用于建筑垃圾自消解系统，由上文分析可知，影响建筑垃圾自消解的根源层因素指标有三个，分别是外部制度、协同效率和建筑技术。

7.2.1 优化外部制度环境

建筑垃圾处置具有明显的正外部效应，在资源循环价值链中，相关利益方之间存在博弈关系，解决这一冲突的最有效办法是政策规制下的相关利益方协同合作，比如政府选择采取强制措施以及税收减免和财政补贴等政策，强化市场利益驱动机制，促进支撑体系和监督评价体系发挥作用等。具体措施如下。

1. 完善绿色建造和建筑垃圾处理的相关法律法规和行业标准规范

绿色建造资源的高效循环利用离不开政府的政策引导。要借鉴国外发达国家关于绿色建造的成功经验和立法实践，制定适合我国社会主义新时代绿色发展理念和国情要求的法律法规，使得推进建筑垃圾自消解具有法律约束力。

行业协会组织要及时总结绿色建造过程建筑垃圾处理的经验，并通过组织高校、企业、行业专家编制相关的标准和规范使得推进建筑垃圾自消解具有可供遵循的规则。

目前我国在政策制定、标准规范建立方面已取得相应进展，针对我国绿色建筑的发展方向及绿色设计、绿色施工提出指导策略，规范绿色建造过程中设计单位、施工单位工作准则，如国家先后发布了 30 多部法律法规，10 余项标准，诸如《固体废物污染环境防治法》、《循环经济促进法》、《建筑工程绿色施工评价标准》GB/T 50640—2010、《工程施工废弃物再生利用技术规范》GB/T 50743—2012、《绿色建造技术导则（试行）》等。

2. 建立高效的科研投入机制

首先，政府加大对重点科研院所的扶持和资金投入。对绿色建造科研资金的投入是一种无形和长期的投入，可能短时间内在经济数据上产生的回报率低，收益见效慢，但是从长期和深远背景看，其对环境保护和资源节约具有长效意义。其次，改变政府和企业在绿色施工技术探索等科研中的角色，完善市场利益驱动机制，如建立企业投资激励机制，加强保护知识产权，鼓励和引导企业投资绿色建造科研和应用推广，加强资源循环利用技术的创新，以弥补公共投资的不足。最后，改革科研立项和奖励机制。转变科研项目委托机制，突出绩效激励，采用招标投标方式，择优委托，坚持生产主体、市场主体、成果转化为生产原则。

3. 完善监督评价制度

进一步完善地方政府工程建设绿色建造标准化管理日常监督机构，加强工程项目全寿命期内的监督管理以及加强绿色建造、垃圾处理等相关标准执行的监督和管理。

依托社会组织、社会大众、新闻媒体和其他社会力量，建立广泛的社会监督评价机制，形成人人关注绿色建造和建筑垃圾处理的社会环境氛围。

4. 制定建筑垃圾自消解资源化利用扶持政策与处罚措施

通过实施财政、税收等经济手段建立有效的激励机制，提升各类建设企业自主实行建筑垃圾自消解的积极性。对建设项目进行绿色建造与发展评估，减少达标开发企业、施工企业税费比例，弥补其绿色建造、垃圾处理措施的费用投入，反之则增加赋税。此外，工程施工合同增加环境责任条款，强化施工期间承包商环境管理责任，并实施过程监督。

7.2.2 加强利益相关者协同

影响绿色建造过程建筑垃圾自消解和资源循环利用的根源因素涉及多个方面，应加快推进工程总承包模式，促进设计、采购、施工一体化，从源头上减少建筑废弃物，促进资源循环利用。在“互联网＋”时代，采用以BIM为代表的新一代信息化技术，有利于加快构建项目利益相关者协同管理的沟通平台。具体措施如下。

1. 加强政策协同

在我国政府行政管理体制改革的过程中，应强化环境保护部门在推动绿色建造过程在建筑垃圾资源化循环利用中的重要地位，加强环保部门与其他产业部门之间更深层次、更广泛的协同，通过共性的政策措施在更大程度上推动绿色建造。促进政策协同还需要社会组织、企业等主体的共同认知与一致行动，建立互补运行模式。

2. 加强责任协同

在传统的法律法规范畴中，生产者仅对产品自身承担质量责任，但建筑垃圾自消解的相关利益群体的责任不仅包括施工阶段、运营或使用阶段，还扩展到建筑废弃物等的回收、处理阶段，对绿色设计也有更高要求。为了加强绿色建造过程资源循环利用相关方责任协同，必须要健全法律法规，明确责任主体，建立生产者责任追究制度。

3. 加强利益协同

利益是各方行为的诉求，是促使组织协同的基础。要改变开发商与政府之间的博弈关系；政府可采取强制措施以及税收减免和财政补贴；改善开发商与供应商之间的博弈关系；扩大允许企业开发绿色建筑的范围，增加绿色建造的市场竞争力；使用行政职权和协调市场关系创建供应链同盟组织，使开发商与供应商成为利益伙伴关系；培植创新型房地产开发企业，由其牵头引领和构建基于“互联网＋”的建筑产业链新型业态。通过价格机制，调节政府与供应商、施工企业、资源回收和处理企业的利益关系：一是对涉及绿色建造过程的相关方采取税收减免、财政补偿；二是对供应商提供绿色建材、可再生资源回收利用产品实行价格优惠。

4. 加强信息资源协同

目前，BIM、云计算、大数据、物联网、移动技术、协同工作环境等多种新兴技术对工程项目管理和建筑垃圾自消解处理的影响日益加大，尤其是数字化技术可以很大程度地提高全过程优化、集成效果，以及可施工性、安全生产、专业合作、目标动态管控的精度和智能管理程度。通过系统平台，实现多主体、多阶段、多要素的信息共享，可以提升建筑垃圾自消解处理的效率。

5. 加强设计与施工协同

改变目前在施工图设计完成之后施工单位再进入施工现场的建设管理模式，施工单位从施工图阶段甚至初步设计阶段提前参与项目的实施。这样在施工图设计过程中便贯彻建筑垃圾资源化循环利用的理念，优化和评价施工工艺和工序方案的合理性、可行性，最大限度地满足工程建造过程节约材料、节约能源、节约水资源、节约土地、节约劳动力和减少废弃物排放、保护环境的要求。

7.2.3 健全技术支撑体系

提高绿色建造技术与建筑设计规范标准的融合度，建筑垃圾资源化回收技术支撑体系的构建应涵盖绿色设计技术和绿色施工技术两部分，这些技术应当体现“四节一环保”的理念。技术支撑体系可以设置一级指标：环保技术、节能与能源利用技术、节水与水资源利用技术、土地资源保护技术等指标；设置二级指标：预制钢筋混凝土设计技术、建造配件与整体安装设计技术、LED 照明技术等绿色施工图设计技术指标，以及绿色绩效评估与技术选择、施工废弃物分类回收技术、现场洗车水循环利用技术、现浇混凝土墙体保温隔热施工技术等指标。

7.3 基于中间层因素的建筑垃圾自消解协同策略

中间层因素和表象层因素是影响建筑垃圾自消解和资源循环利用率的次重要性因素，它们的权重大致相等。中间层因素受到根源层因素的制约，直接影响着表象层，该因素涉及范围广，因为中间层很多因素和表象层因素有着不同程度的关联性，其中有些影响因素所对应的对策措施与第 7.2 节所述内容相同，本节将重点着眼于业主方能力、业主方绿色意识，建筑设计方案以及施工项目管理水平，提出针对性对策。

7.3.1 加强建筑垃圾自消解资源化循环利用的宣传和推广

目前，很多人对绿色建造的理念并不清晰，绿色意识匮乏，应从中央到地方积极开展低碳环保理念的广泛宣传教育活动，尤其是要对建筑行业相关从业人员重点进行宣传和教育，如培训、讲座、展览、示范工程等，让绿色建造理念与作用深入人心。深入开展多元化的教育活动，利用现代信息技术手段，诸如微信公众号、视频号等新型媒体形式，开展宣传活动，还可以在从业资格考试中增添绿色建造、建筑垃圾自消解处理及资源化循环的相关知识考点。

7.3.2 提高建筑垃圾自消解资源化循环利用实施能力

在绿色建造过程中如何减少资源消耗、减少垃圾的产生，及如何对资源进行循环利用对设计和施工的要求高，难度大，而且在其全生命期内，很多设计、施工、运营技术与传统建筑有区别，还需要用到新型绿色建筑材料和设备，要求相关设计、施工和项目管理人员，具有更高的专业技术和管理能力。针对相关从业人员能力与经验欠缺、设计单位的设计水平和施工单位的施工水平不高等问题，提出以下措施。

1. 提高相关从业人员的专业水平

专业素养体现在技术水平和管理能力上。从业人员专业技术水平的提升可通过培训、考核、研修等形式。重视中高层管理人员能力，尤其是业主单位，须有杰出的绿色建筑全寿命期内的工程项目统筹协调与管理能力。并重技术和管理能力的提高，可以保证绿色建造过程中的质量与高效的资源循环利用能力，乃至运维阶段建筑实体的质量与运营效果。施工单位中高层管理者需要具备与项目管理相关的能力。此外，施工单位应该编制实施绿色施工专项方案，减少能源消耗、循环利用水资源以及对建筑垃圾进行回收利用[74]。

2. 业主方应加强合作，形成长效合作伙伴关系

如要加强与科研机构、高等院校的科技合作，增强科研实力，与优秀施工单位和供应商建立伙伴关系，保障绿色建筑质量，形成企业联盟，保障科研资金的持续投入。

3. 推进示范工程

建立绿色施工示范工程评价制度能充分发挥示范引领作用和标杆效应，积极引导绿色建造技术运用和持续改进，激励建筑业企业向绿色、低碳、高效的目标方向迈进。通过典型的示范路径，将绿色施工示范项目的经验和实践推广到了各类建筑企业。

7.3.3　推行绿色建筑设计方案的零垃圾排放

设计建筑方案的过程当中最需要考虑和估量的就是如何节约和反复利用资源、消除建筑垃圾。加强对新材料的推广和新技术的普及，扩大建筑装饰用料的可选途径和范围，选用新型材料不仅克服了原有材料的缺陷而且做到了节能、环保，运用先进技术替代落后的传统技术，有利于建筑业促进创新，促进环境保护和建筑节能相关产业建设[75]。在选择建筑材料时，使用绿色建材。首先，设计应该结合地域特点，考虑地理环境和气候条件。其次，在建筑设计阶段、施工阶段中均应考虑后期的建设成本问题，而“绿色设计”理念正在尝试解决这一问题，做到在建造过程中对遗弃材料的再利用。再次，提高绿色建筑设计方案的设计水平。最后，加强绿色建造过程中施工图设计和施工的衔接，如考虑使用材料的合理性。在设计前做好类似项目施工作业的实地考察，结合实地状况设计，考虑在实际施工中设计方案可行与否，避免因建筑设计方案而导致资源浪费及生态污染。

7.4　基于表象层因素的建筑垃圾自消解协同策略

表象层影响因素是影响建筑垃圾自消解和资源循环利用最直接的因素，其中承包商绿色施工意识与前文已分析的中间层影响因素有很大的相关性，因此其对应的建议和措施已在前文中提出，本节只对针对承包商消解建筑垃圾、资源循环利用效益这一影响因素提出相应的对策，并将其进行延伸，拓展到绿色建造的全寿命期。

7.4.1　控制绿色建造增量成本

绿色建造的增量成本是指绿色建筑项目在其开发、设计、施工等过程中产生的成本增加量，主要由绿色技术增量成本、咨询成本、专家认证成本等组成。其增量成本可能让业主方、设计方、承包商产生较大经济负担，或是不愿意开发绿色建筑产品，或是将成本转移到售价中，进而导致消费者无法或不愿负担绿色建筑。

1. 加强管控，降低开发成本

首先，开发商需考虑如何利用本区域特有资源，通过因地制宜选择当地建材等方法减少运输成本和材料成本，对建筑结构进行优化，控制人均面积降低开发成本；其次，开发商应结合自身情况对绿色建筑项目精准定位，避免定位失误而造成增量成本；最后，在绿色策划和绿色设计阶段加强管控，尽早融合建筑方案与建筑设计，减少设计多次变更而导致的后期施工过程的多次重建，设计时应当按照对应绿色建筑等级标杆的要求，充分考虑节水、节材、节能、节地和保护环境的理念，精益设计，控制绿色建造增量成本。

2. 采用合理性技术，降低技术成本

使用经济合理、投资回收期短、效益明显的技术，如预制钢筋混凝土设计技术、太阳能热水器技术等绿色化措施等，注意技术之间的匹配、适用和经济合理性，避免技术之间简单堆砌。此外在绿色施工阶段，施工单位应当注意施工技术的经济效益，绿色施工措施投入产出比要合理，重视施工过程技术管理，减少不当施工而造成的增量成本。

7.4.2 实现绿色建造产品保值增值

1. 全面分析绿色建筑全寿命期内成本效益比

绿色建筑在设计、施工等阶段的投资成本相对较大，所以成本初期增幅较高。但从考虑全寿命期的长远眼光看，绿色建筑运维阶段的收益也是不言而喻的，特别是节水、节能、循环利用资源所带来的收益在很大程度上可以补偿运维阶段所造成的成本增加，从而导致使用运维阶段所带来成本收益通常大于传统建设项目，因而需要全面分析。另外，绿色建造带来的社会效益和环境效益这部分很难在短时间内体现出来，并且很难估量，这部分隐性效益也需要考虑在总效益之内。

2. 加快成本回收，实现绿色增值

据国务院参事、中国城市科学研究会理事长仇保兴的研究，普通建筑平均 3～7 年便能消减绿色建筑带来的成本增加，经济效益显而易见，特别是在逐渐健全的政府财政补贴政策和税收优惠政策的作用下，通常在 3 年内就能够收回增量成本。所以，绿色建造产品是可以实现保值增值的，特别是在能源日益短缺的今天，其经济效益将更加显著。

第8章 建筑垃圾资源化利用技术集成体系

8.1 基于建筑垃圾自消解原理的资源化利用技术集成模型

8.1.1 技术集成的含义

1. 技术集成的概念

技术集成的定义来自于对企业成功的产品开发模式的概念化解释。技术集成是指按照一定的技术原理或者为了特定目的，将两个或两个以上的单项技术通过重组和连接而获得具有统一整体功能的新技术的方法。技术集成往往可以实现单个技术实现不了的技术需求或功能目的。技术集成是对一系列技术进行评价、精练、整合的过程，这个过程涉及不同要素、不同主体或部门之间的交流和协作。

基于建筑垃圾自消解原理的资源化循环利用目标的实现需要在立项策划、建筑设计、工程施工等各个阶段采用多种技术，把这些不同的技术通过有机融合形成技术体系，才能获得倍增的效果。

2. 技术集成的特点

首先，技术集成具有独特性，即技术集成是为了满足用户需求或者特定目的。其次，技术集成具有专业协同性，技术集成是要把具有不同专业和工艺内容的单项技术组合或整合为具有一体化功能的技术体系。再次，技术集成具有综合性，包含技术、管理等方面，是一项综合性的系统工程。技术是技术集成工作的核心，管理活动是技术集成的可靠保障。最后，技术集成具有创新性。从技术创新角度出发，通过技术集成，可以合理而有效地利用已有知识产权的技术，并在技术集成的基础上实现创新，这是我国建筑企业进行技术创新的重要途径。

8.1.2　建筑垃圾资源化利用技术集成模型

建筑垃圾的处理具有外部性特征，为了消除或减少外部不经济性，需要政府政策引导和市场利益机制的驱动，需要多方主体、多层面、多要素之间的协同，更需要工程建造过程各阶段不同技术，包括设计技术、结构技术、材料技术、施工技术的系统化集成，共同构成稳定的建筑垃圾自消解资源化循环利用运行系统。

建筑垃圾自消解资源化循环利用技术集成模型的关系如图 8-1 所示。在该图中，建筑企业主导技术集成体系，技术集成体系覆盖建造活动的立项阶段、设计阶段、材料设备采购阶段、建筑施工阶段、竣工交付阶段。技术集成体系与利益相关方，包括政府主管部门、建设单位、设计单位、高等院校、科研机构、关联企业，有着直接或间接的关系。技术集成体系的形成和运行受到其外部的市场环境、政策环境、经济环境、社会环境、生态环保环境的制约。

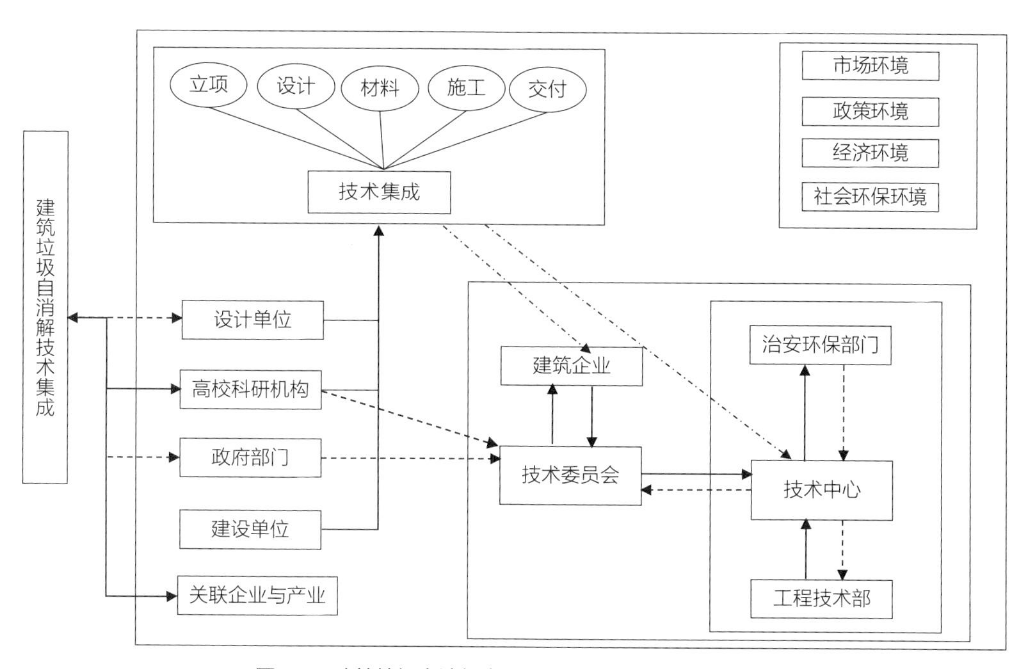

图 8-1　建筑垃圾自消解资源化利用技术集成模型关系图

8.1.3　基于建筑垃圾自消解原理的资源化利用技术集成体系构架

建筑垃圾资源化利用技术涉及工程项目全寿命期，主要考虑原材料、能源消耗和环境生态保护问题，同时兼顾技术、经济、社会问题，改善人与自然和谐共处关系，建筑垃圾资源化利用技术的应用能够使得企业的经济效益、社会效益、环境效益相互协调。

参照原建设部、科学技术部联合出台的《绿色建筑技术导则》，住房和城乡建设部颁布的《建筑工程绿色施工评价标准》GB/T 50640—2010、《绿色建造技术导则（试行）》以及欧洲、美国、日本等国家和地区的《绿色建筑评估体系》，基于建筑垃圾自消解原理的建筑垃圾资源化利用技术集成体系结构框架如图 8-2 所示。

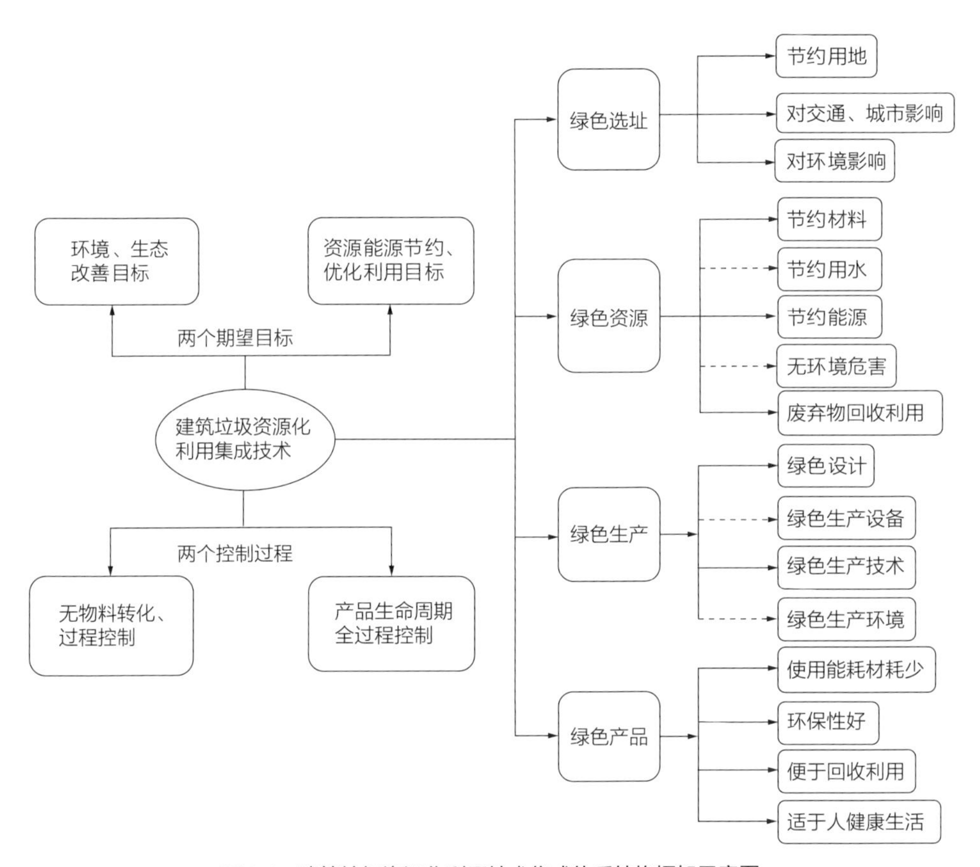

图 8-2　建筑垃圾资源化利用技术集成体系结构框架示意图

8.2　建筑垃圾资源化利用技术集成体系主要内容

本节主要依据《建筑工程绿色施工评价标准》GB/T 50640—2010、《绿色建造技术导则（试行）》、《建筑业 10 项新技术》讨论建筑垃圾资源化循环利用技术集成体系的主要内容。

8.2.1　绿色立项策划技术

1. 绿色立项方案

（1）明确绿色建造总体目标和资源节约、环境保护、减少碳排放、品质提升、职业健康安全等子项目标。

（2）因地制宜对建造全过程、全要素进行统筹，明确绿色建造实施路径，体现绿色化、工业化、信息化、集约化和产业化特征。

（3）统筹设计、构件部品部件生产运输、施工安装和运营维护管理，推进产业链上下游资源共享、系统集成和联动发展。

（4）制定合理的减排方案，建立碳排放管理体系，并应明确建筑垃圾减量化等目标。

2. 绿色策划

（1）确定项目定位和组织架构，明确各阶段的主要控制指标，进行综合成本与效益分析，制定主要工作计划。

（2）积极采用 BIM 技术，推动全过程数字化、网络化、智能化技术应用，利用基于统一数据及接口标准的信息管理平台，支撑各参与方、各阶段的信息共享与传递。

（3）结合工程实际情况，综合考虑技术水平、成本投入与效益产出等因素，确定智能建造、新型建筑工业化的应用目标和实施路径。

8.2.2　绿色设计技术

1. 绿色设计策划

（1）根据绿色建造目标，结合项目定位，在综合技术经济可行性分析基础上，确定绿色设计目标与实施路径，明确主要绿色设计指标和技术措施。

（2）明确绿色建材选用依据、总体技术性能指标，确定绿色建材的使用率。

（3）综合考虑生产、施工的便利性，提出全过程、全专业、各参与方之间的一体化协同设计要求。推进建筑、结构、机电设备、装饰装修等专业的系统化集成设计。

2. 结构设计技术

（1）综合考虑安全耐久、节能减排、易于建造等因素，择优选择建筑形体和结构体系。

（2）优先采用管线分离、一体化装修技术，对建筑围护结构和内外装饰装修构造节点进行精细设计。

（3）采用标准化构件和部件，使用集成化、模块化建筑部品，提高工程品质，降低运行维护成本。

（4）优化功能空间布局，充分发掘场地空间、建筑本体与设备在节约资源方面的潜力。

3. 专业设计技术

（1）统筹建筑、结构、机电设备、装饰装修、景观园林等各专业设计，统筹策划、设计、施工、交付等建造全过程，实现工程全寿命期系统化集成设计。

（2）根据建筑规模、用途、能源条件以及国家和地区节能环保政策对冷热源方案进行综合论证，合理利用浅层地能、太阳能、风能等可再生能源以及余热资源。

（3）体现海绵城市建设理念，对施工期间及建筑竣工后的场地雨水进行有效统筹控制。

（4）场地设计应有效利用地域自然条件，尊重城市肌理和地域风貌，实现建筑布局、交通组织、场地环境、场地设施和管网的合理设计。

（5）优先就地取材，并统筹确定各类建材及设备的设计使用年限。

（6）在设计阶段加强建筑垃圾源头管控。

4. 协同设计技术

（1）建立涵盖设计、生产、施工等不同阶段的协同设计机制，实现生产、施工、运营维护各方的前置参与，统筹管理项目方案设计、初步设计、施工图设计。

（2）采用协同设计平台，集成技术措施、产品性能清单、成本数据库等，实现全过程、全专业、各参与方的协同设计。

（3）按照标准化、模块化原则对空间、构件和部品进行协同深化设计，实现建筑构配件与设备和部品之间模数协调统一。

（4）实现部品部件、内外装饰装修、围护结构和机电管线等一体化集成。

（5）采用 BIM 正向设计，支撑不同专业间以及设计与生产、施工的数据交换和信息共享。

8.2.3　绿色材料技术

1. 建筑材料的选用应满足下列要求：

（1）符合国家和地方相关标准规范环保要求。

（2）优先选用获得绿色建材评价认证标识的建筑材料和产品。

（3）优先采用高强、高性能材料。

（4）选择地方性建筑材料和当地推广使用的建筑材料。

2. 结构材料及其他材料的选用应符合以下规定：

（1）建筑结构材料应优先选用高耐久性混凝土、耐候和耐火结构钢、耐久木材等。

（2）外饰面材料、室内装饰装修材料、防水和密封材料等应选用耐久性好、易维护的材料。优先采用装配式装修和集成厨卫等工业化部品。

（3）建筑门窗、幕墙、围栏及其配件的力学性能、热工性能和耐久性等应符合相应产品标准规定，并应满足设计使用年限要求。

（4）管材、管线、管件应选用耐腐蚀、抗老化、耐久性能好的材料，活动配件应选用长寿命产品。不同使用寿命的部品组合时，应考虑合理的寿命匹配性，构造宜便于分别拆换、更新和升级。

（5）合理选用可再循环材料、可再利用材料，应选用以废弃物为原料生产的利废建材。

8.2.4　绿色施工技术

1. 资源利用技术

（1）采用精益化施工方式，减少资源消耗与浪费。

（2）推广使用新型模架体系，提高施工临时设施和周转材料的周转次数。

（3）采用工具化、标准化工装系统，减少现场支模和脚手架搭建。

（4）积极推广材料工厂化加工，实现精准下料，降低建筑材料损耗率。

（5）加强施工设备的进场、安装、使用、维护保养、拆除及退场管理，减少过程中设备损耗。

（6）采用节能型设备，监控设备耗能。

（7）因地制宜对施工现场雨水、中水进行科学收集和合理利用。

（8）结合工程所在地地域特征，积极利用适宜的可再生能源。

（9）科学布置施工现场，合理规划临时用地，减少地面硬化。宜利用再生材料或可周转材料进行临时场地硬化。

2. 环境保护技术

（1）通过信息化手段监测并分析施工现场扬尘、噪声、光、污水、有害气体、固体废弃物等各类污染物。

（2）采取措施减少扬尘排放，PM10 和 PM2.5 不得超过当地生态环境部门或住房和城乡建设主管部门要求的限值。

（3）现场有害气体应经净化处理后排放，排放标准应符合现行国家标准的规定。

（4）采取措施控制噪声和振动污染，噪声限值、振动限值应符合现行国家标准的规定。

（5）采取措施保护施工现场及周边水环境，减少地下水抽取，避免施工场地的水土污染。

（6）采取措施减少污水排放。排入城市污水管网的施工污水应符合现行国家标准的规定。

（7）采取措施减少光污染，光污染限值应满足现行行业标准的规定。

（8）采用先进施工工艺与方法，从源头减少有毒有害废弃物的产生。对产生的有毒有害废弃物应 100% 分类回收、合规处理。

（9）拆除施工应制定专项方案，并进行评估论证。对拆除过程中产生的废水、噪声、扬尘等应采取针对性防治措施，并制定拆除垃圾处理方案。

3. 协同与方案优化技术

（1）在项目前期进行设计与施工协同，根据工程实际情况及施工能力优化设计方案。

（2）结合加工、运输、安装方案和施工工艺要求，对工程重点、难点部位和复杂节点等进行深化设计。

（3）在满足设计要求的前提下，应充分考虑施工临时设施与永久性设施的结合利用，实现“永临结合”。

（4）编制施工现场建筑垃圾减量化专项方案，实现建筑垃圾源头减量、过程控制、循环利用。

（5）建立完善的绿色建材供应链，采用绿色建筑材料、部品部件等。

（6）积极运用 BIM、大数据、云计算、物联网以及移动通信等信息化技术组织绿色施工。

8.3　绿色建造常用施工技术和资源化利用技术应用措施

8.3.1　绿色建造常用施工技术

1. 基坑施工封闭降水技术

该技术多采用基坑侧壁帷幕或基坑侧壁帷幕＋基坑底封底的截水措施，阻截基坑侧壁及基坑底面的地下水流入基坑，同时采用降水措施抽取或引渗基坑开挖范围内的现存地下水的降水方法；帷幕常采用深层搅拌桩防水帷幕、高压摆喷墙、旋喷桩、地下连续墙等作止水帷幕。

2. 施工过程水回收利用技术

利用技术包括基坑施工降水回收利用技术、雨水回收利用技术与现场生产废水利用技术。其中基坑施工降水回收利用技术，包含两种技术：一是利用自渗效果将上层滞水引渗至下层深水层中，可使大部分水资源重新回灌至地下的回收利用技术；二是将降水所抽水集中存放，用于施工过程中用水等回收利用技术。

3. 预拌砂浆技术

考虑预拌砂浆符合国家节能减排的产业政策，预拌砂浆分为干拌砂浆和湿拌砂浆两种。干拌砂浆分为若干种类型，考虑目前各种类型的砂浆均有产品标准，性能指标按照产品标准即可，适用于对工业与民用建筑施工有要求的地区。

4. 外墙外保温体系施工技术

由保温层、保护层和固定材料（胶粘型锚固件等）构成，并且适用于安装在外墙外表面的非承重保温构造总称。外墙外保温系统从施工做法上可分为粘贴式、现浇式、喷涂式及预制式等几种主要方式，其中粘贴式的保温材料包括模塑聚苯板（EPS 板）、挤塑聚苯板（XPS 板）、矿物棉板（MW 板，以岩棉为代表）、硬泡聚氨酯板（PU 板）、酚醛树脂板（PF 板）等。

5. 外墙自保温体系施工技术和工业废渣及（空心）砌块应用技术

外墙自保温体系施工技术和工业废渣及（空心）砌块应用技术包括蒸压加气混凝土砌块、轻集料混凝土小型空心砌块等内容，技术指标均采用最新标准；增加了绿色建材和废物利用的粉煤灰蒸压加气混凝土砌块、磷渣加气混凝土砌块、磷石膏砌块、粉煤灰小型空心砌块等内容，规定了放射性水平的要求。

6. 铝合金窗断桥技术

其原理是在铝型材中间加入隔热条，将铝型材断开形成断桥，将铝型材分为室内、外两部分，可有效阻止热量的传导，隔热铝合金型材门窗的热传导性比非隔热铝合金型材门窗降低 40%～70%。配中空玻璃的断桥铝合金门窗自重轻、强度高，隔声性好。采用的断热技术分为穿条式和浇筑式两种。

7. 太阳能与建筑一体化应用技术

该技术是指在建筑规划设计之初，利用屋面构架、建筑屋面、阳台、外墙及遮阳等，将太阳能利用纳入设计内容，使之成为建筑的一个有机组成部分，主要分为太阳能与建筑光热一体化和光电一体化。

8. 供热计量技术

对集中供热系统的热源供热量、热用户的用热量进行计量，包括热源和热力站热计量、楼栋热计量和分户热计量。

9. 建筑外遮阳技术

建筑遮阳可以有效遮挡太阳过度的辐射，减少夏季空调负荷，在节能减排的同时还具有提高室内热舒适度，减少眩光提高室内视觉舒适度等优点。

10. 植生混凝土

植生混凝土技术可分为多孔混凝土的制备技术、内部碱环境的改造技术及植物生长基质的配制技术、植生喷灌系统、植生混凝土的施工技术等。根据植生混凝土所在部位分为护堤植生混凝土、屋面植生混凝土和墙面植生混凝土。

11. 透水混凝土

透水混凝土是既有透水性又有一定强度的多孔混凝土，其内部为多孔堆聚结构。透水的原理是利用总体积小于骨料总空隙体积的胶凝材料部分地填充粗骨料颗粒之间的空隙，剩余部分空隙，并使其形成贯通的孔隙网，因而具有透水效果。

透水混凝土在满足强度要求的同时，还需要保持一定的贯通孔隙来满足透水性的要求，因此在配制时除了选择合适的原材料外，还要通过配合比设计和制备工艺以及添加剂来达到保证强度和孔隙率的目的[76]。

8.3.2　资源化利用技术应用措施

目前，建筑垃圾资源化技术采用的主要技术措施通常是选用低噪、环保、节能、高效的机械设备和工艺；钢筋加工工厂化与配送；提高构配件预制水平；建筑工程的板块材料采用工厂化下料加工，进行排版深化设计，减少板块材的现场切割量；五金件、连接件、构造性构件采用工厂化标准件；多层、高层建筑使用可重复利用的模板体系等。

1. 结构施工技术与机电安装、装饰装修技术相结合

建筑装饰装修工程的施工设施和施工技术措施应与基础及结构、机电安装等工程施工相结合，包括管道预埋、预留应与土建及装修工程同步进行。大跨度复杂钢结构的制作和安装前，应采用建筑信息三维技术模拟施工过程以避免或减少误差。做好预留预埋，减少现场打孔，并做到分区用电、用水计量。

2. 环境保护技术措施

在环境保护方面除了注意易扬尘材料封闭运输、封闭存储外，使用的技术措施还有灰土、灰石、混凝土、砂浆采用预拌技术；采用现代化隔离防护设备，实施封

闭式施工；自密实混凝土施工技术；地貌和植被复原技术；现场雨水就地渗透技术（透水混凝土）；管道设备无害清洗技术；垂直垃圾通道的开发与应用等技术。

3. 节能与能源利用技术措施

节能与能源利用方面使用的技术措施主要包括玻璃幕墙光伏发电设计与施工技术；太阳能热水利用技术；电梯势能利用技术；低耗能楼宇设施选择与安装技术；基于节能的材料选择技术；冬季施工混凝土养护环境改进技术；屋面发泡混凝土找坡技术；自然光折射照明技术；现场热水供应的节能减排技术；LED 照明技术；工人生活区低压照明技术；限电器在临电中的应用技术；现场临时变压器安装功率补偿技术；塔吊镝灯使用时钟控制技术；设备节电技术；自动加压供水系统；基于低碳排放的“双优化”技术；溜槽替代混凝土输送泵技术；非传统电源照明技术。

4. 节材与材料资源利用技术措施

节材与材料资源利用方面除了需选用绿色建材外，使用的技术措施有固体废弃物再生利用技术（钢筋头、混凝土、碎块、废弃有机物）；废弃加气混凝土在屋面找平层和保温层中的应用技术；施工现场可周转围护、围栏及围墙技术；废弃地坪水泥砂浆填布技术；废弃建筑配件改造利用技术；废水泥浆钢筋防锈蚀技术；隧道与矿山废弃石渣的再生利用技术；场地硬化预制技术；节材型电缆桥架开发与应用技术；清水混凝土技术；空心砌块砌体免抹灰技术；高周转型模板技术；自动提升模架技术；大模板技术；钢框竹胶板（木夹板）技术；轻型模板开发应用技术。

5. 节水与水资源利用技术措施

节水与水资源利用方面使用的技术措施有洗车循环水利用技术；地下水利用技术；现场雨水收集利用技术；水磨石泥浆环保排放技术；现场无水混凝土养护技术；基坑降水利用技术；基坑封闭降水技术；地下水回灌技术；非自来水开发应用技术。

6. 节地与土地资源保护技术措施

节地与土地资源保护方面使用的技术措施有生态地貌、保护技术；周转型装配式现场多层办公居住用房开发应用技术；耕植土保护利用技术；地下资源开发与保护技术；施工现场临时设施布置的节地技术。

第 9 章

绿色建造过程资源循环利用案例解析

9.1　CD 银泰中心项目建造过程资源循环利用案例

9.1.1　CD 银泰中心项目背景

CD 银泰中心项目处于高新区天府大道北段 1199 号，是由银泰置业所属的 CD 银城置业有限公司投资建造的大型都市综合体。设计单位为中国建筑西南设计研究院有限公司，总承包商为中国建筑第八工程局有限公司，地质勘察单位为中国建筑西南建筑设计研究院有限公司，监理单位为北京帕克国际工程咨询有限公司。总建筑面积约 737185.00m^2，其中地下建筑面积 18.4 万 m^2。结构形式为带钢骨柱的框架核心筒（办公楼、住宅楼）、外钢框架内核心筒结构（酒店）、框架结构（地下室及裙楼）。工程于 2012 年 10 月 24 日开工建设，2016 年 12 月 21 日，最后一个单体 1# 酒店通过竣工验收。

CD 银泰中心项目在实施建设之初，业主方就和相关参与主体达成循环利用资源的共识，旨在绿色建造全寿命期内加强管理，对能源资源循环利用，减少建筑垃圾的排放，实现建筑废弃物零外运。CD 银泰中心项目部按“绿色中建”的要求，确立了“科技助推绿色施工，全员、全过程、全方位”绿色施工理念，把绿色施工作为企业核心竞争力和可持续发展的动力。制定了“五零”工作制，即确保实现：工期零延误、质量零缺陷、安全零事故、建筑材料零垃圾、固体垃圾零外运。编制了《项目管理实施计划书》和《绿色施工实施细则》等管理文件，确定了以成本管理为核心、以工期管理为主线、以质量管理为保障、以计划管理为根本、以安全及文明施工为常态、以绿色施工为基础的项目管理实施方针，并明确提出了以 633 为主要内容的项目管理目标，即6个国家级奖项：鲁班奖、国家“AAA级安全文明标准化诚信工地”、全国绿色施工示范工程、住房和城乡建设部绿色施工科技示范工程、全国工程项目管理成果奖、全国用户满意工程；3项重大项目管理成果：总结大型城市综合体施工总承包项目管理成果、形成大型城市综合体成套施工技术成果、实现现场促市场品牌效应成果；落实3项管理措施：标准化、信息化、制度化。

9.1.2 CD银泰中心项目资源循环利用协同策略的实施效果

1. 工程项目管理创新措施

为了更好地推动绿色施工计划和方案的落地，CD银泰中心项目部从管理角度实施了四项创新措施。

一是管理组织创新。项目部成立了以项目经理命名的“绿色施工创新工作室”，从组织架构着手分阶段创新绿色施工管理，提高管理效率，降低管理成本和生产成本。项目部打破传统工程施工组织机构一成不变的模式，按照开工准备、结构工程、装饰安装、竣工验收四个阶段进行动态调整，主要为直线职能型、矩阵区域型、施工总承包管理型，特别是施工总承包管理阶段设置总承包管理协调部，下设土建部、机电部、楼宇智能部、电梯部、幕墙部、装饰部、市政园林部，同时实施总分包生产，深化设计系统合署办公，缩短指令传递路径，把施工总承包管理落到实处。例如深化设计方面，项目部联合中建安装、中建三局、厦门准信等单位合署办公，建立BIM中心服务器，协调完成深化设计，减少了管线碰撞和材料浪费现象。

二是样板引路创新。项目部在质量管理工作中以体系建设为抓手，遵循PDCA循环，完善质量计划、创优策划，确保项目施工质量。施工现场建立了样板区，采用触摸式一体机，内置施工工艺动画，更加生动、形象地对项目各道施工工艺流程进行了全面展示，对于现场绿色施工工作起到了良好的示范、引导作用。

三是安全管理创新。项目部坚持安全第一，预防为主的理念，不断加强人员的安全施工教育，不断探索适用于施工现场的安全管理措施。针对施工人员安全意识普遍薄弱的现状，改变传统的安全教育常用的口号式、填鸭式、单一讲解式的安全教育模式，通过设立安全培训体验中心，采用视、听、体验相结合的形式，实施可感受、可实施的体验式安全教育，开创了建筑施工企业安全教育的新模式。项目安全体验馆设有安全防护装备培训、安全帽撞击体验、综合用电培训、安全栏杆倾覆项目、洞口坠落项目、架梯倾斜体验、平衡木行走体验、消防演练培训、搬运重物体验、钢丝绳正确使用培训、移动式架梯操作平台使用培训、安全带使用、临时通道体验、塔吊司机空空行走通道、塔吊防攀爬培训、事故案例培训、群塔作业远程监控系统培训等 17 个项目。每一名施工人员在进入施工现场前都要进入体验馆，亲身感受，模拟事故发生时的感受，这种体验式的培育，对提升作业人员的安全意识，降低安全生产事故起到了巨大的示范效应。

四是信息化管理创新。项目部坚持以信息化支持、服务现场标准化管理，建立了物资称重监控系统，安全、质量管理及绿色施工远程视频监控系统；组织编制了《绿色施工管理实施细则》《总承包管理实施细则》《项目实体样板施工图集》《项目安全防护标准化施工图集》《集装箱临建施工图集》等近 20 个项目标准和规范，使信息化与标准化有效结合，用以指导项目各项管理工作。BIM 工作室实现了项目可视化、图纸审核、深化设计、各专业协调等方面的信息化技术手段的应用，提高了项目总承包总集成能力、合理控制了工程成本、加强了进度及质量的管控、推动了绿色环保施工目标的实现。

2. 协同策略实施效果

根据第 3 章中图 3–4 可知，绿色建造过程资源循环利用协同策略实施效果是系统有序协同、资源消耗减量与利用率提高、资源循环利用效益良好，本节对 CD 银泰中心项目资源循环利用的协同策略实施效果进行总结。

1）系统有序协同

（1）绿色策划及绿色设计阶段：设计单位提前入场，与业主搭建沟通平台

银泰业主方在 CD 中心项目采用尽量让相关设计机构入场时间提前。在诸多项目的绿色设计过程当中，各个环节虽然是独立运作的，但实际操作过程当中许多部分都会相互衔接和联系。有必要将设计团队进场时间前置，引导相关机构之间的充分沟通。这时也需要银泰业主方去协调相关机构的沟通所涉及的各个方面，不仅要激发设计顾问的创造活力，而且要保证设计的落地性和设计与别的专业的协同程度。在这个过程中，不可避免地出现了反复的沟通、纠结、取舍和决策。

银泰业主方所承担的角色不仅是各种方案的裁判者，更加是搭建一个让绿色建造思想发生碰撞的平台，其不仅能够激发各家设计咨询的最优的创意，并且能够通过相互之间的协同而得到叠加，进而施展最大效益。同时，银泰业主方具有开发多

个绿色建造项目的经验，也可以为设计顾问提出更具实用性的建议。

（2）绿色施工阶段

① 施工现场建筑垃圾资源化工序协同

该工程施工现场建筑垃圾回收利用采用的技术有：混凝土余料及工程废料收集系统、现场建渣回收利用系统、施工现场预制混凝土通道、施工现场楼层临时建筑垃圾清运通道等，减少施工垃圾外运量，实现现场回收再利用。

施工现场建渣回收利用系统主要由建渣回收系统、建渣破碎系统、建渣制砖系统、砌筑利用系统 4 个系统组成，工序间协同良好，施工工艺流程如图 9–1 所示。

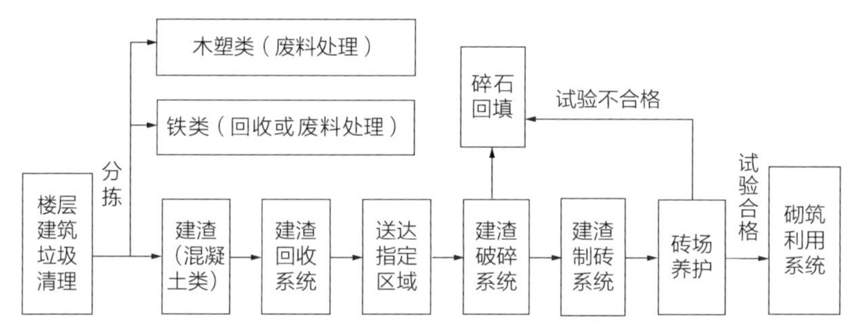

图 9-1 施工现场建筑垃圾回收利用系统

② 施工企业与科研机构联动协同

CD 银泰中心重点关注绿色建筑成本降低的目标，大力推行企业拥有自主知识产权（表 9–1）研发，着力打造绿色精品项目，有力推进了建筑节能减排和企业技术进步与管理创新，项目综合效益增效，创造深化企业项目管理绿色、低碳、回收、节能、节能、高效的新时代。

CD 银泰企业自主知识产权　　表 9-1

序号	名称	序号	名称
1	雨水、地下水回收利用技术	6	模板方木支持再生技术
2	施工过程固体废弃物回收利用技术	7	混凝土道路预制装配工程技术
3	高空喷雾粉尘自动控制技术	8	施工现场正式埋地管道代替临时消防管道技术
4	临时无光照明灯控制技术	9	钢键槽快速组装拆除系统技术
5	大型规模设备无功补偿装置技术	10	电力中小型现场运输机具改进技术

（3）保障因素：信息资源协同

CD 银泰中心项目运用 BIM 技术，以击破业主、设计、施工与运营之间的壁垒界限，完成对建设项目全寿命期管理。实现资源循环利用和设计、规划、施工等方面的绿色休戚与共，而 BIM 技术则是帮助鞭策各个环节接近绿色指标的技术措施。

该项目应用 BIM 技术，运用建立模型找到图纸中错误、遗漏、缺失等问题，对基础底板高低跨等位置进行放样处理，对电气安装管线进行集成布列，对工程量进行自动计算等一系列应用。

2）资源消耗减量与利用率提高

CD 银泰中心项目实现了建筑垃圾“零外运”，即在施工现场就对建筑垃圾进行自消解处理，可见资源循环利用率显著提高。

3）资源循环利用效益良好

（1）以余料、建筑渣土破碎回收利用系统举例。

CD 银泰项目总建筑面积 73.72 万 m^2，工程混凝土总用量约为 38 万 m^3。建筑垃圾产生量按照建筑面积计算，每 100m^2 产生 2m^3 建筑渣土。现场建筑垃圾需要破碎量按照 50% 计算，即破碎 7370m^3 建筑渣土。主要设备为建渣破碎机和制砖机。现场破碎能力按照 2m^3/ 小时，每天生产 10 小时，即生产能力 20m^3/ 天。最大处理量需两台破碎机，生产能力 40m^3/ 天。现场制砖每天（10 小时）生产 1500 块（约消耗 3m^3 碎砂石）。总量约需 30 万块，破碎建筑垃圾量 600m^3。需一台制砖机。现场回填建筑垃圾量：45000×0.25=11250m^3。主要设备购置费为 3.2 万元，固定资产的预计残值率按固定资产原值的 4%。计算数据见表 9-2。

CD 银泰中心项目建筑垃圾回收利用经济分析（单位：元）　　表 9-2

<table>
<tr><th>项目</th><th colspan="3">实际值</th><th>总计</th></tr>
<tr><td rowspan="5">运用现场建筑垃圾回收系统增加成本</td><td rowspan="4">一次性损耗成本</td><td>破碎用电费</td><td>110550</td><td rowspan="5">512820
（考虑不可预见因素）</td></tr>
<tr><td>制砖用电费</td><td>16000</td></tr>
<tr><td>破碎人工费</td><td>172800</td></tr>
<tr><td>制砖人工费</td><td>96000</td></tr>
<tr><td>可多次使用成本
（拟按 5 次折旧计算）</td><td>设备成本费</td><td>32000</td></tr>
<tr><td rowspan="4">运用现场建筑垃圾回收系统节约成本</td><td colspan="2">建筑垃圾外运费用</td><td>810920</td><td rowspan="4">2297180</td></tr>
<tr><td colspan="2">回填碎石材料费用</td><td>1012500</td></tr>
<tr><td colspan="2">制砖节约成本费用</td><td>120000</td></tr>
<tr><td colspan="2">建渣场内倒运费用</td><td>353760</td></tr>
<tr><td>利润</td><td colspan="4">2297180－512820 ＝ 1784360 > 0 所以施工现场建筑垃圾回收利用在经济上是可行的。
每立方建筑垃圾节省费用：1784360÷14744 ＝ 121 元 /m^3</td></tr>
</table>

经过分析可以看出，每立方建筑垃圾节省费用 121 元，该系统不仅节省了大量的建筑垃圾外运费用和人工费用，还减少了施工电梯和塔式起重机的使用，且无

扬尘，有明显的经济效益，同时由于项目体量大，施工周期长，故经济效益潜力巨大。

（2）以 BIM 技术应用的经济效益分析为例。经济效益分析见表 9–3，经过分析可以看出，该项施工技术措施极大地方便了施工，尤其对于结构复杂、大型安装工程的碰撞检测较为适宜，消除了返工损失，故经济效益明显。

BIM 技术经济效益分析 表 9-3

项目	单位	量	费用单价（元）	节约费用（元）
管线碰撞	处	110	3000	330000
结构碰撞	处	50	2000	100000
节约成本	430000 元			

针对不同层级的绿色建造过程资源循环利用的影响因素，以及序参量在每层级系统中支配地位，结合我国建筑行业的现状及存在问题，对每一层级提出针对性的对策。基于根源层序参量提出优化资源循环利用外部制度环境、加强资源循环利用利益相关者协同的对策；基于中间层序参量提出加强绿色建造资源循环利用的宣传和推广、提高绿色建造资源循环利用实施能力、推动绿色建筑设计方案的对策；基于表象层序参量提出控制绿色建造增量成本、实现绿色建造产品保值增值的对策。

根据 CD 银泰中心项目建造过程资源循环利用的实施效果，即系统有序协同、资源消耗减量与利用率提高、资源循环利用效益良好，验证了协同策略的有效性。

9.2 SZ 地铁 14 号线土建项目建造过程资源循环利用案例

9.2.1 SZ 地铁 14 号线土建项目简介

SZ 城市轨道交通 14 号线工程起自福田中心区岗厦北枢纽，经福田区、罗湖区、龙岗区、坪山区，止于坪山区沙田站，线路主要沿深南大道、华富路、泥岗西路、清水河五路、龙岗大道、中兴路、东西干道、盛宝路、红棉路、龙岗大道、如意路、宝荷路、宝龙大道、中山大道、深汕公路地下敷设。全线设站 17 座、车辆基地 1 座、停车场 1 座、主变电站 4 座，线路全长 50.34km。中铁六局集团有限公司承建 SZ 城市轨道交通 14 号线土建三工区，包含石芽岭站、石芽岭站—六约北站区间、六约北站、六约北站—四联站区间、四联站、四联站—坳背站区间，共三站三区间。

该工程车站周边交通流量大，施工占道严重，分流交通的道路非常有限，导改频繁步骤多，交通疏解难度大；管线迁改涉及类型众多，权属单位不一，埋设年代、深度位置各异，相互之间有影响，施工条件复杂，保护难度大；前期工程施工期间，需要穿插安排交通疏解、管线迁改、绿化迁改、零星拆迁等工程项目，工序接口多，协调难度大，时间紧，任务重，如何推进前期工程是该工程的难点。

例如，石芽岭站盛宝路区域内，石方量达 3.2 万 m^2，该车站两端均为盾构始发井，其主体完成进度对后续盾构区间施工工期影响大。如何在保证周边居民安全、施工安全的情况下保证施工进度，是石芽岭站施工难点之一。

9.2.2　SZ 地铁 14 号线土建项目资源循环利用协同策略的实施效果

地铁施工过程会生产较大数量的建筑垃圾。盾构掘进过程产生的渣土、废水与工艺本身有关。由于三区间的掘进工程量大，渣土和废水的排放量也很大。在施工现场，建筑垃圾不仅影响文明施工和工作环境，而且建筑垃圾的排放也有悖于生态环境保护。

1. 解决问题的基本思路

按照绿色建造过程节约材料、能源、水、土地、劳动力和保护环境的要求，依据循环经济原理，选择最优化的技术路径和工艺、设备，对地铁盾构施工过程中产生的渣土、废水等建筑垃圾进行资源化处理和回收再利用，把建筑垃圾消解在施工过程，实现建筑垃圾的“零排放”或者“近零排放”。建筑垃圾“零排放”具有明显的经济效益、社会效益和环境效益，是绿色建造的基本目标和发展趋势。

2. 采取的措施及效果

（1）落实绿色施工和环境保护的责任措施

把绿色施工的责任和环境保护的措施落实管理部门和专业承包方劳务分包方。严格按照地方政府和上级主管部门的要求，对现场实行封闭式管理，对施工扬尘、施工噪声、废气、废水、废料按规定的标准进行监控和处置。

（2）对盾构产生的渣土、废水进行资源化循环利用

土建三工区包含石芽岭站—六约北站—四联站—坳背站共三个区间，盾构施工

渣土排放量约 618700m^3，渣土排放压力大。以往盾构掘进产生的渣土只进行简单的筛分处理，随后排放、露天堆放或者填埋，虽然在项目前期可在一定程度上降低成本，但是对环境造成的污染是不可避免的，而且简单筛分或者直接丢弃处理会造成渣土中水、石子、黏土、沙子等可再利用资源的浪费，反而会加大施工总成本，因此对盾构掘进产生的渣土进行环保化、资源化处理显得尤其重要。

土压盾构经过改良之后的流塑性渣土，含有大量的流动性泥浆，渣土含水量明显增加，运输途中很难不出现泄漏、洒落，造成二次污染，且常规的建筑渣土处理场地很难接纳，不加以处理，只能当作工业废弃物消纳。因此，项目部采用先进的盾构渣土环保化处理系统，该系统通过合理配置渣土筛分系统，能够做到渣土环保分离，在技术层面实现真正“零排放、零污染”，处理后的粗砂、中细砂、干化泥饼和水均有巨大的资源利用价值。在地质条件合适的情况下，粗砂、中细砂可再售卖，相较于未经处理的渣土，其经济效益高，中细砂还可循环用于现场盾构注浆，中水可用于道路、车辆清洗，系统自循环，最大限度上实现资源循环利用，该项措施节约成本 640 万元。

9.3 绿色建造过程资源循环利用案例的启示

CD 银泰中心项目和 SZ 地铁 14 号线土建项目绿色施工的做法，特别是在节能减排、建筑垃圾处理方面的经验，体现了可持续发展、绿色发展理念的要求，对于工程建设领域绿色建造过程资源循环利用有着重要的启迪意义。

9.3.1 绿色建造过程资源循环利用是建筑业高质量发展的重要途径

党的二十大报告把生态文明建设摆在社会主义现代化建设事业五位一体总体布局的高度，并强调指出：坚持节约资源和保护环境的基本国策，坚持节约优先、保护优先、自然恢复为主的方针，着力推进绿色发展、循环发展、低碳发展，形成节约资源和保护环境的空间格局、产业结构、生产方式、生活方式，从源头上扭转生态环境恶化趋势，为人民创造良好生产生活环境，为全球生态安全作出贡献。可以说，绿色发展、循环发展、低碳发展是推进生态文明建设的重要内容和基本途径。

我们注意到，绿色发展、循环发展、低碳发展有着各自独特的内涵，但又有一定程度上的交集。从内涵上看，绿色发展是在传统发展基础上的一种模式创新，是建立在生态环境容量和资源承载的约束条件下，以应对气候变化、资源环境保护和促进经济增长为目标，作为实现可持续发展重要支柱的一种新型发展模式。其要点在于：一是要将环境资源作为社会经济发展的内在要素；二是要把实现经济、社会和环境的可持续发展作为绿色发展的目标；三是要把经济活动过程和结果的“绿色化”“生态化”作为绿色发展的主要内容。绿色经济借用生命之色寓意经济发展模式可以保证人类健康幸福地持续发展。它以维持和改善人类生存系统与环境为基础，以创造真实财富为目标，基于技术创新，优化生产力布局，促进社会基础设施和生活设施绿色化，实现单位产出的资源能源消耗和污染排放减量化，实现资源的高效、安全、循环利用和经济活动的清洁化、生态化，保障经济可持续增长。循环发展将自然界生态良性循环的规律引入整个经济运行、社会运行的大系统中，将循环经济理念渗透到经济建设、文化建设、社会建设、生态文明建设的各个方面，是落实统筹兼顾、科学布局的根本要求。从宏观上看，循环经济是在深刻认识资源消耗与环境污染、生态破坏之间的关系的基础上，以提高资源与环境效率为目标，以资源节约和循环利用为手段，以政府和市场为双轮推动力，在满足社会发展需要和技术经济可行的前提下，实现资源效率最大化、废弃物排放和环境污染最小化的一种经济发展模式。在微观上，循环经济是一种以资源的高效利用和循环利用为核心，将“减量化、再利用、资源化”的原则运用到经济建设的生产、流通、消费各个环节，以低消耗、低排放、高效率为基本特征，符合可持续发展理念的经济增长模式，是对“大量生产、大量消费、大量废弃”的传统增长模式的根本变革。低碳发展是一种以低耗能、低污染、低排放为特征的可持续发展模式。低碳经济要求在经济发展中要尽可能减少单位产品的资源及能源消耗强度，减少污染物排放，减少废弃物产生，积极发展节能环保产业和循环型经济产业。其实质是以低碳技术为核心、低碳产业化为支撑、低碳政策制度为保障，通过创新低碳管理和发展低碳文化，实现社会发展低碳化的经济发展方式。由上述分析可知，绿色发展、循环发展、低碳发展所对应的绿色经济、循环经济、低碳经济相互之间具有较大的关联性。从物质资源和生态环境角度看，循环经济是绿色经济的核心内涵，循环经济是新兴工业化的最高产业组织方式和资源利用方式，是建设生态文明，实现资源环境可持续发展的必然选择。绿色经济本身就包含了低碳经济的全部内涵，强调低碳经济，也就是表明人们对温室气体排放、研究开发与推广应用低碳技术更加重视。

按照党的二十大精神的要求，建筑业未来的发展必须要走绿色发展和高质量发展之路。循环经济是绿色发展的核心要义。因此，建筑业发展循环经济是加快转变发展方式的重要途径，而绿色建造过程资源循环利用是建筑业发展循环经济的具体实现形式。

9.3.2 工程建设领域绿色建造过程资源循环利用大有可为

基于对大工业化生产二重性的反思，即在生产力高度发展、创造高速增长和巨大财富的同时，也消耗了大量的自然资源、污染了生态环境，人们提出了可持续发展的目标，作为实现经济可持续发展的具体途径，循环经济理念正日益被接受和付诸实践。由于我国面临着持续高速经济增长的要求与资源过度消耗、生态环境污染恶化的多重矛盾，因而更加迫切需要寻求消耗低、污染少、效益高、资源充分利用的经济发展模式。自从 1998 年循环经济概念引入国内，在较短时间内得到社会各界的广泛认同和高度重视，在理论研究和实践应用上同步取得进展，国家在政策导向上积极倡导和推动循环经济的发展，并于 2009 年实施了《循环经济促进法》。从建筑业在国民经济中的地位和建筑业自身的行业技术特征来看，建筑业发展循环经济的空间巨大，工程建设领域绿色建造过程资源循环利用大有可为。

（1）建筑业已经成为国民经济的支柱产业、民生产业、基础产业是不争的事实。根据最新统计数据，2021 年我国建筑业总产值已达 29.3 万亿元，建筑业增加值占 GDP 的比例为 7.01%，从业人员 5300 万人，建筑业企业 128746 家，显然，建筑业资源循环利用对推动国民经济的良性运行必将产生重大影响。

（2）建筑业是物质资源消耗大户。建筑业的行业特点和技术特性决定了建筑业必然是钢材、水泥、平板玻璃、木材等物质资源的直接消耗大户。建筑业物资消耗占全国总消耗量的比例分别为钢材的 55%、木材的 40%、水泥的 70%、玻璃的 76%、塑料的 25%、运输量的 28%。由于钢材、水泥、平板玻璃、陶瓷、黏土砖等的生产需要冶炼、熔融、烧结大量的金属和非金融矿物原料、化工原料，因而建筑业也间接消耗了大量的矿产和土地资源。因此，工程建设领域资源循环利用对于有效节约资源、减少污染物排放具有重要的现实意义。

（3）建筑业对关联产业的带动作用大。建筑产品的生产对于带动相关产业的影响较大，从而促进了建材、冶金、有色、化工、轻工、机械、仪表、纺织、电子、运输等 50 多个相关产业的发展。建筑业能够吸收国民经济各部门大量的物质产品，在整个国民经济中，没有一个部门不需要建筑产品，而几乎所有的部门也都向建筑业提供不同的材料、设备、生活资料、知识或各种服务。据统计，仅房屋工程所需要的建筑材料就有 76 大类、2500 多个规格、1800 多个品种。

（4）建筑生产活动过程产生大量垃圾。随着我国城市化进程的快速发展，建筑垃圾问题突显。目前，可推算建筑垃圾总量为 21 亿至 28 亿 t，每年新产生建筑垃圾超过 3 亿 t。如采取简单的堆放方式处理，每年新增建筑垃圾的处理都将占 1.5 亿至 2 亿 m^2 用地。我国建筑垃圾的资源利用率不足 40%，而美、日、德、荷兰等国超过 90%。建筑垃圾的长期堆放不仅有碍市容环境，而且会产生粉尘、污染大气和水质，影响居民身体健康。除建筑垃圾之外，光污染、噪声污染、电磁污染等都与建筑业有关。可见，建筑业资源循环利用对于环境保护有积极的作用。

9.3.3　绿色建造过程资源循环利用是构建循环经济体系的重要环节

循环经济是以科学技术、经济政策、市场机制为手段，调控社会生产和消费活动过程中的资源配置和流动方式，将“资源—产品—废物排放”的传统线性物质消耗范式变革为“资源—产品—再生资源”的物质循环范式，以最小的资源能源消耗和最少的污染排放，取得最大的经济产出，实现经济效益、社会效益、环境效益的统一。绿色建造过程资源循环利用是构建循环经济体系的重要环节，这一点也在 CD 银泰中心项目部施工现场建筑垃圾资源化的实践中得到验证。

CD 银泰中心项目和 SZ 地铁 14 号线项目对施工现场建筑垃圾的循环利用和“零排放”处理方式，充分体现了循环经济的原理。

9.3.4　绿色建造过程资源循环利用要紧紧依靠技术体系集成

CD 银泰中心项目和 SZ 地铁 14 号线项目注重依靠技术创新实现绿色施工和降本增效目标，主要包括：大力推进“雨水、地下水回收再利用技术；建筑固体垃圾回收再利用技术；高空喷淋降尘自动控制技术；施工临时照明免裸线声光控技术；大型设备无功补偿装置技术；模板方木支撑再生技术及装配式混凝土道路预制工艺；工程正式预埋管线代替临时消防施工管线工艺；全钢键槽式快速装拆体系和电动式中小型现场运输机具改革”等具有企业自主知识产权的新工艺、新技术。

建筑产品的生成过程需要经历项目立项阶段、设计阶段、施工阶段、竣工交付阶段，每一阶段所遵循的建设理念和所使用的主导技术是不一样的。通常情况下，技术集成是指按照一定的技术原理或功能目的，将两个或两个以上的单项技术通过重组而获得具有统一整体功能的新技术的创造方法。技术集成往往可以实现单个技术实现不了的技术需求目的。在工程建造过程中，设计技术、材料技术、施工技术等技术体系的集成化应用能够有力地促进资源高效利用、建筑节能减排、企业技术进步和项目管理创新，提高项目的经济效益、社会效益、环境效益等综合效益。

9.3.5 绿色建造过程资源循环利用需要多元化协同

正如本书第2章中所述，绿色建造过程资源循环利用是一个大系统，需要从多个维度进行解析。如果从生产工艺角度，绿色建造过程资源循环利用系统包括施工现场资源循环利用系统、建筑垃圾减量化系统、建筑垃圾末端处置系统；如果从工程技术角度，绿色建造过程资源循环利用技术包括设计技术、材料技术、施工技术、检测技术等系统；如果从工程建造活动所遵循的规范角度，绿色建造过程资源循环利用的行为依据包括政策体系、标准体系、规程体系等；如果从建筑垃圾减量化的角度，绿色建造过程建筑垃圾减量化系统包括绿色策划阶段建筑垃圾减量化、绿色设计阶段建筑垃圾减量化以及绿色施工阶段建筑垃圾减量化。

为了保障绿色建造过程资源循环利用系统的有效和稳定运行，必须实现在多个层面上的一体化协同，主要包括理念协同、工艺协同、技术协同、工序协同、流程协同、标准协同、专业协同、供应链协同、政策协同、价值协同，使绿色建造过程资源循环利用系统产生协同效应。

第 10 章

绿色建造过程资源循环利用路径与展望

10.1 绿色建造过程资源循环利用的发展路径

10.1.1 绿色建造过程资源循环利用路径架构

随着人们对环境问题、生存问题、可持续发展问题的重视，绿色建造的理念已在建筑行业内得到了广泛认同和接受，人们在工程建造过程中更加注重实行“节能、节地、节水、节材、节约劳动力和环境保护”。绿色建造是按照绿色发展的要求，通过科学管理和技术创新，采用有利于节约资源、保护环境、减少排放、提高效率、保障品质的建造方式，实现人与自然和谐共生的工程建造活动[77]。按照上述对绿色建造的一般定义，绿色建造的发展路径应当包含五个维度的构成要素。

1. 绿色建造过程资源循环利用的方向要素

绿色建造过程资源循环利用是一项系统工程，涉及工程项目全寿命期的多个阶段和多个主体。绿色建造目标的实现需要政府、协会、业主、设计、施工等相关方协同推进。政府、协会、企业（包括建设单位、设计单位、监理单位、施工单位等）应对绿色建造发挥各自职责范围内的应有作用，其中，政府所主导的产业政策成为绿色建造过程资源循环利用发展路径的方向。

2. 绿色建造过程资源循环利用路径的动力要素

绿色建造的目标是在人类日益重视社会经济可持续发展和生态文明建设的基础上提出的，绿色建造过程的本质是以节约资源和保护环境为前提的工程活动。解决资源浪费、环境污染问题，不能仅寄托于简单的强制措施，必须依靠制度创新，综合利用各种手段激发相关主体的积极性。

3. 绿色建造过程资源循环利用路径的基础要素

绿色建造的前提条件是保证工程质量和安全。绿色建造的实施首先要满足工程质量合格和生产安全保证等基本条件，如果不能确保质量和安全，绿色建造将失去最基本的意义。绿色建造中的节约资源是强调在环境保护前提下的资源高效利用，与传统设计和施工所强调的单纯降低成本、追求经济效益有本质区别[6]。因此，建立标准和规范体系是绿色建造发展的基础环节。

4. 绿色建造过程资源循环利用路径的支撑要素

绿色建造的实现依赖于绿色设计技术和绿色施工技术的突破。绿色设计和绿色施工是绿色建造的两个核心过程，绿色设计是绿色建筑产品的前置条件，绿色施工能够保障绿色设计蓝图的实现，系统化的科学管理和技术进步是实现绿色建造过程资源循环利用的重要途径。

5. 绿色建造过程资源循环利用路径的标杆要素

绿色建造的最终产品是绿色建筑，绿色建造是绿色建筑的生成过程，这个过程区别于传统的建筑施工过程，没有成功的经验可以遵循，因而，必须通过典型示范、样板引路，从而使绿色建造过程资源循环利用推广到更大的范围。

10.1.2 绿色建造过程资源循环利用的路径特征

绿色建造过程资源循环利用路径在方向、动力、基础、支撑、标杆五个维度的构成要素反映绿色建造过程资源循环利用路径的基本特征。政策引导是方向要素的路径特征，制度创新是动力要素的路径特征，标准规范是基础要素的路径特征，技术突破是支撑要素的路径特征，典型示范是标杆要素的路径特征。这些路径特征与政府、协会、企业之间形成绿色建造运行体系。绿色建造过程资源循环利用路径构造与特征如图 10-1 所示[78]。

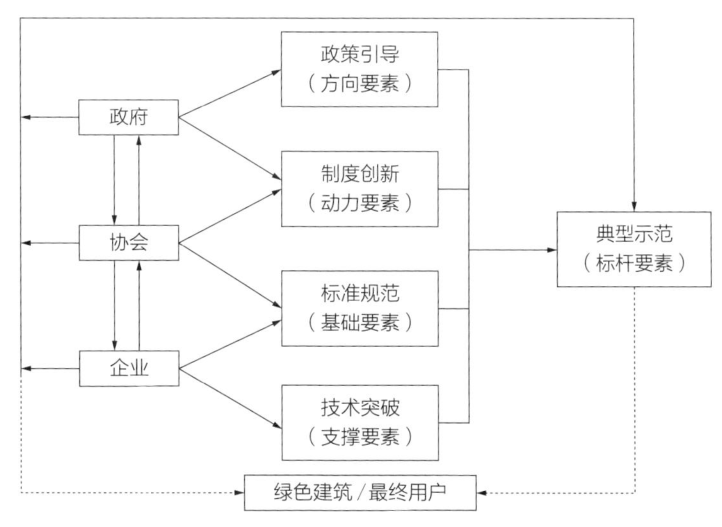

图 10-1　绿色建造过程资源循环利用路径构造与特征示意

1. 绿色建造过程资源循环利用路径的政策引导特征

环境保护的外部性特征决定了绿色建造的发展需要政府的政策引导发挥作用。政府通过出台政策，持续引领进绿色建筑和节能减排。2012 年，国务院印发《节能减排“十二五”规划》（国发〔2012〕40 号）。2013 年，国务院办公厅转发了国家发展和改革委员会、住房和城乡建设部的《绿色建筑行动方案》（国办发〔2013〕1 号），此外，原建设部会同财政部联合下发了《关于推进可再生能源在建筑中应用的实施意见》（建科〔2006〕213 号）、《关于可再生能源建筑应用示范项目资金管理办法》（财建〔2006〕460 号），财政部、住房和城乡建设部联合下发了《关于加快推动我国绿色建筑发展的实施意见》（财建〔2012〕167 号）、《关于印发可再生能源建筑应用城市示范实施方案的通知》（财建〔2009〕305 号），住房和城乡建设部印发《“十二五”绿色建筑和绿色生态城区发展规划》（建科〔2013〕53 号）、《关于推进建筑垃圾减量化的指导意见》（建质〔2020〕46 号），这一系列政策文件指明了绿色建造过程资源循环利用的发展方向，对发展绿色设计和绿色施工提出了有效的引导方略。

2. 绿色建造过程资源循环利用路径的制度创新特征

由住房和城乡建设部科学技术委员会和相关行业协会牵头，先后制定了绿色建筑创新奖（2004 年）、绿色建筑设计和运行评价标识（2007 年）等制度，并配套实施激励措施，例如：二星级绿色建筑奖励标准为每平方米 45 元；三星级绿色建筑奖励标准为每平方米 80 元；绿色生态城区资金补助标准 5000 万元。以此推动绿色建筑、绿色设计、绿色施工和建筑节能工作。

从 2005 年首批绿色建筑创新奖诞生到 2020 年，全国共计评选出绿色建筑创新奖 247 项（表 10–1），总体上呈现稳步上升态势。

全国绿色建筑创新奖数量统计表　　表 10-1

年份	2005	2007	2011	2013	2015	2017	2020	合计
数量	40	13	19	42	63	49	61	247

注：数据来源于 2005—2020 年住房和城乡建设部“全国绿色建筑创新奖获奖项目通报”。

从 2008 年至 2015 年底，全国共评出 3296 项绿色建筑评价标识项目，其中：一星级绿色建筑项目标识 1275 个，二星级绿色建筑项目标识 1304 个，三星级绿色建筑标识 717 个。统计数据表明，从 2008 年以来的 7 年期间，全国绿色建筑评价标识数量以年均 96% 的速度递增，继续保持强劲增长势头（表 10–2）。

全国绿色建筑评价标识数量统计表　　表 10-2

序号	年份	绿色建筑评价标识数量			
		总数	一星级	二星级	三星级
1	2008	10	4	2	4
2	2009	20	4	6	10
3	2010	82	14	44	24
4	2011	241	76	87	78
5	2012	389	141	154	94
6	2013	518	179	237	102
7	2014	924	378	345	201
8	2015	1112	479	429	204
9	2016	3256	2569	604	84
合计		3296	1275	1304	717

注：数据来源于 2008—2015 年住房和城乡建设部“绿色建筑评价标识项目公告”。

从绿色建筑评价标识项目分布的区域来看，以 2013 年为例，沿海地区的江苏、广东、山东、上海、河北、天津等 6 省市的绿色建筑项目数量遥遥领先，占全国的比例高达 58%，而内陆地区的河南、湖北、陕西、安徽等省份，绿色建筑项目数量也排在前 10 位之列。从绿色建筑评价标识的产业领域分布看，在 2013 年评出的 518 项绿色建筑标识中，住宅建筑 287 个，占 55%，公共建筑 221 个，占 43%，工业建筑 10 个，占 2%。

由此可以看出，以绿色建筑设计与运行评价标识为标志，我国绿色建筑设计的发展呈现以下三大趋势：一是起步虽晚但发展势头迅猛，这表明，随着可持续发展理念的深入，追求绿色建筑日益成为建筑行业的自觉行为和目标；二是沿海地区的绿色设计的发展速度和规模明显快于中西部地区，这体现出绿色设计发展的地区不平衡性依然存在；三是绿色设计在住宅建筑领域更加得到人们的重视，这说明人们对自身健康状况和宜居环境的关注程度在不断提高。

3. 绿色建造过程资源循环利用路径的标准规范特征

在工程建设领域，国家先后出台了30多部法律法规，用以调整绿色建造过程相关主体的关系和绿色建造活动行为。在操作层面，建立健全绿色设计、绿色施工相关标准和规范，颁布《绿色建筑评价标准》GB/T 50378—2019、《绿色施工导则》、《建筑工程绿色施工评价标准》GB/T 506040—2010、《工程施工废弃物再生利用技术规范》GB/T 50743—2012、《建筑工程绿色施工规范》GB/T 50905—2014、《建筑工程绿色建造评价标准》T/CCIAT 0048—2022等10余项标准，通过这一系列标准的实施，规范设计单位、施工单位在发展绿色建造过程中的工作规则。

4. 绿色建造过程资源循环利用路径的技术突破特征

通过在全行业范围内推广应用住房和城乡建设部颁布的《建筑业10项新技术》，在环境保护技术、节能与能源利用技术、节材与材料资源利用技术、节水与水资源利用技术、节地与土地资源保护技术以及包括信息化施工技术在内的新技术、新工艺、新材料、新设备等“四新”技术方面取得突破。不仅要注重单项关键技术的突破，而且更要重视全过程技术体系的集成，并以工法形式转化为企业和行业的知识积累，为绿色建造过程资源循环利用提供技术支持。

5. 绿色建造过程资源循环利用路径的典型示范特征

通过典型示范路径，把绿色建造过程资源循环利用的经验和做法推广到更多种类型的建筑业企业。创建绿色施工示范工程的目的在于充分发挥示范引领和标杆作用，积极开展绿色建造技术、资源循环利用的应用与创新，促进建筑业向绿色、低碳、高效方向发展。从2010年至2017年，已经先后正式公布了四批共1680项绿色施工示范工程（表10-3），时间虽短但数量增长幅度很大，这些工程起到了显著的示范和带动作用。

全国建筑业绿色施工示范工程统计表　　表 10-3

年份	2010	2011	2013	2014	2016	2017	合计
数量	11	81	278	606	336	379	1680

注：数据来源于 2010—2018 年中国建筑业协会“关于公布全国建筑业绿色施工示范工程的通知”。

10.2 绿色建造过程资源循环利用发展趋势

党的十九大报告指出：中国特色社会主义进入新时代，我国社会主要矛盾已经转化为人民日益增长的美好生活需要和不平衡不充分的发展之间的矛盾。加快建设制造强国，加快发展先进制造业，推动互联网、大数据、人工智能和实体经济深度融合，在中高端消费、创新引领、绿色低碳、共享经济、现代供应链、人力资本服务等领域培育新增长点、形成新动能。加快建立绿色生产和消费的法律制度和政策导向，建立健全绿色低碳循环发展的经济体系。推进资源全面节约和循环利用，实施国家节水行动，降低能耗、物耗，实现生产系统和生活系统循环链接。加强固体废弃物和垃圾处置。坚持全民共治、源头防治，持续实施大气污染防治行动，打赢蓝天、绿水、净土保卫战。2020 年 5 月 14 日，中央政治局常务委员会会议提出，要充分发挥我国超大规模市场优势和内需潜力，构建国内国际双循环相互促进的新发展格局。2020 年 7 月 21 日，习近平总书记主持召开企业家座谈会并强调，要逐步形成以国内大循环为主体、国内国际双循环相互促进的新发展格局。这种发展战略转型的调整，适应了国内基础条件和新冠肺炎疫情发生后国际环境变化的特点，是在中华民族伟大复兴战略全局和世界百年未有之大变局背景下修复经济均衡的应对之策。2022 年 6 月 30 日，住房和城乡建设部、国家发展和改革委正式印发《城乡建设领域碳达峰实施方案》（建标〔2022〕53 号），要求全面提高绿色低碳建筑水平，推进绿色低碳建造。以上所有重大政策的调整和出台，以及由此所衍生的未来发展空间，对我国建筑业的高质量发展，都将产生重要而深远的影响。因此，未来的建筑业绿色建造过程资源循环利用要做好以下几个方面的结合。

10.2.1 绿色建造过程资源循环利用与发展循环经济相结合

从广义建筑产业概念看，在横向上包括各种类型工程的建设活动行为，在纵向上包括建设活动及其产品从开始谋划到寿命期结束的全过程。广义建筑产业概念有三个显著的特点：一是产业链条长、跨度大；二是上下游企业阶段分界明显、关联密切；三是建筑产品寿命期完整。这些特点决定了建筑业绿色建造活动与发展循环经济的结合具有广阔的技术经济空间。

按照循环经济的基本原理，建筑业循环经济的运行机制表现为 3R 原则在 3C 层面上的多维度展开。3R 原则即指减量化（Reduce）、再使用（Reuse）、再循环（Recycle）。减量化原则针对的是输入端，要求用较少的物质（钢材、水泥等建筑材料和能源）投入，特别是无害于环境的资源投入来达到既定的生产目的和消费目的；再使用原则属于过程性方法，目的是延长产品和服务的时间强度，要求建筑产品寿命长、能够以初始的形式被反复利用；再循环原则是输出端方法，要求生产出来的物品在完成其使用功能后能重新变成可以利用的资源而不是不可恢复的垃圾，生产者的责任应该包括解决废弃制品的处理问题。3C 层面是指小循环、中循环、大循环三个循环层面。小循环主要是企业内部的物质循环，例如将下游工序的废物作为原料返回上游工序；中循环主要是企业之间的物质循环，例如下游企业的废料、副产品返回上游企业作为原料重新使用，或者将某一产业的废料、余热送往其他产业加以利用；大循环主要是指整个社会的产品经使用报废后，其中大部分物质形态返回原生产部门，经处理后重新成为再生原料，例如废旧钢材、玻璃、木材、塑料、轮胎、纸张等的回收再生利用。

根据建筑行业的技术经济特点，小循环可以利用 3R 原理在单个的建设开发企业、设计企业、施工企业、建材企业等内部进行，例如，设计企业可在满足建筑物使用功能的前提下，进行设计方案的优化比选，尽量减少建筑材料的使用，以及使用过程的能量耗费；施工企业的部分建筑垃圾经筛分后可以作为建筑物基础的回填料使用。中循环可以利用 3R 原理在不同类型的企业之间即在跨行业的企业之间进行，形成产业间的“生态链”，在符合上下游企业的技术要求的同时，还要在市场规律指导下满足上下游企业的经济利益目标，例如，建筑施工过程的垃圾和报废建筑物拆除垃圾经简单处理后，可以变为建材企业生产墙体材料的原料，而墙体材料又可用于构成建筑物实体。大循环的进行可以从两个方面设定，一是从资源利用效率角度要求建筑产品报废后使各种建筑材料回收成为再生材料，二是可以更为系统性地把 3R 原理运用于建筑产品设计、建造、使用、拆除的全寿命期内。

10.2.2　绿色建造过程资源循环利用与新型建筑工业化相结合

住房和城乡建设部等部门在《关于加快新型建筑工业化发展的若干意见》（建

标规〔2020〕8号）中指出：新型建筑工业化是通过新一代信息技术驱动，以工程全寿命期系统化集成设计、精益化生产施工为主要手段，整合工程全产业链、价值链和创新链，实现工程建设高效益、高质量、低消耗、低排放的建筑工业化。以装配式为代表的新型建筑工业化是建筑业产品生产工艺、生产方式的变革，是实现绿色建造目标的有效方式。

绿色建造技术的发展，必然要走向与建筑工业化、机械化的大方向有机结合的未来。新型建筑工业化的生产过程采用现代工业化的大规模生产方式代替传统的手工业生产方式来建造建筑产品。采用工业化生产方式能够提高工程建设速度，改善作业环境，降低劳动强度，减少劳动力用工量，提高劳动生产率，降低施工成本，提高施工质量，保障安全生产，减少资源消耗，消除污染物排放，以合理的工时及价格来建造适合各种使用要求的建筑产品。同时，要大力开发应用品质优良、节能环保、功能良好的新型绿色建筑材料，强制淘汰不符合节能环保要求、质量性能差的建筑材料。推行装配式建筑一体化集成设计，统筹建筑结构、机电设备、部品部件、装配施工、装饰装修的最优化组合，推广标准化、集成化、模块化的装修模式。要加快装配式建筑部品部件生产数字化、智能化升级，推广应用数字化技术、系统集成技术、智能化装备和建筑机器人，实现少人甚至无人工厂。加快人机智能交互、智能物流管理、增材制造等技术和智能装备的应用。以钢筋制作安装、模具安拆、混凝土浇筑、钢构件下料焊接、隔墙板和集成厨卫加工等工厂生产关键工艺环节为重点，推进工艺流程数字化和建筑机器人应用。

新型建筑工业化是制造技术、建造技术和管理水平的综合体现，工业化程度和控制精度等级的高低体现了建筑产业现代化的水平。绿色建造与新型建筑工业化的结合才能保持长久的竞争力和生命力。

10.2.3 绿色建造过程资源循环利用与智能建造结合

在数字经济时代，随着德国工业4.0、美国GE工业互联网、中国制造2025所展示的应对新一轮科技革命和产业革命的战略措施而在各产业领域产生的深远影响，智能建造已经成为工程建设领域重要的新型建造方式。绿色建造需要强有力的信息化技术支撑，以保持绿色建造与时俱进的态势。近年来，各种新兴信息技术不断涌现，BIM、云计算、大数据、物联网、虚拟现实、移动技术、协同环境，对工程建设和管理的影响日益显著，特别是信息化能够大幅度提高工程建设的全过程优化、集成效益、可施工性、安全性、专业协同性、目标动态控制精度和“智慧管理”程度。因此，按照住房和城乡建设部等部门《关于推动智能建造与建筑工业化协同发展的指导意见》（建市〔2020〕60号）和《“十四五”住房和城乡建设科技发展规划》（建标〔2022〕23号）的要求，加大智能建造在工程建设各环节应用，形成涵盖科研、设计、构件加工、施工装配、运营等全产业链融合一体的智能建造产业体系。

借助于现代信息技术，能够更加精准地控制绿色建造过程的资源循环利用，资源使用效率和消除废弃物排放将取得更好的实际效果。以节约资源、保护环境为核心原则，面向工程建设项目全寿命期，基于系统的顶层设计，通过智能建造与建筑工业化协同发展，推行绿色建造过程的资源循环利用，提高资源利用效率，大幅降低能耗、物耗和水耗水平，减少建筑垃圾的产生，将在施工过程产生的建筑垃圾消解于建筑产品形成过程之中，逐步实现建筑垃圾的近零排放。

绿色建造资源循环利用效率涉及建筑产业链上的多方主体，因而要利用建筑供应链各环节之间上游与下游企业所形成的生产工艺、构件流转、废旧材料再生关联和网链结构，推动建立建筑业绿色供应链，推行循环生产方式，提高建筑垃圾的综合利用水平。在绿色建造全过程加大建筑信息模型（BIM）、互联网、物联网、大数据、云计算、移动通信、人工智能、区块链等新技术的集成与创新应用。大力推进先进制造设备、智能设备及智慧工地相关装备的研发、制造和推广应用，提升各类施工机具的性能和效率，提高机械化施工程度。加快传感器、高速移动通信、无线射频、近场通信及二维码识别等建筑物联网技术应用，提升数据资源利用水平和信息服务能力。加大先进节能环保技术、工艺和装备的研发力度，推动能源替代，提高能效水平，加快淘汰落后装备设备和技术，促进建筑业绿色改造升级。

10.2.4 绿色建造过程资源循环利用与精益建造相结合

精益建造来源于“精益生产”原理。精益生产是流动的产品由固定的工人来生产，而建筑施工是固定的产品，由流动的工序和流动的工人来生产。因建筑工程项目具有复杂性和不确定性，所以精益建造不是简单地将制造业的精益生产的概念应用到工程建造过程中，而是根据精益生产的思想，结合建筑产品建造的特点，对工程建造过程进行改造，形成功能完整的工程建造系统。因此，精益建造是综合生产管理理论、建筑管理理论以及建筑工程建造生产的特殊性，面向工程项目寿命周期，减少和消除浪费，改进工程质量，提高施工效率，缩短工期，最大限度地满足顾客需求的系统化的新型建造方式[79]。与传统的工程管理方法相比，精益建造更强调面向工程项目全寿命周期进行动态控制，持续改进和追求零缺陷，减少和消除浪费，缩短工期，实现利润最大化，把完全满足客户需求作为终极目标。精益建造基于消除八大浪费原则、关注流程和提高总体效益原则、建立无间断流程以快速应变原则、降低库存原则、全过程高质量一次成优原则、以顾客需求拉动生产原则、标准化与创新原则、尊重员工和员工授权原则、持续改善原则，追求“零浪费”“零污染”“零库存”“零缺陷”“零事故”“零返工”“零窝工”的目标。

统计资料表明，建筑施工现场有100余种浪费现象，消除这些浪费现象能够显著改进资源利用效率、降低施工成本。把精益建造原理、方法应用于绿色建造过程的资源循环利用，有利于提高建筑产品建造过程的资源利用效率，遏制建筑垃圾的产生，极大地减少环境污染。

10.2.5 绿色建造过程资源循环利用要与提升建筑企业绿色生产力相结合

21世纪以来，根植于绿色发展理念的发展绿色生产力已经受到越来越多国家和区域的重视。习近平总书记关于绿色发展的理论和在福建、浙江等省份的实践案例为我国发展绿色生产力指明了方向。中共中央、国务院在《关于加快推进生态文明建设的意见》（中发〔2015〕12号）中强调要协同推进新型工业化、城镇化、信息化、农业现代化和绿色化。实现生产方式绿色化、发展绿色生产力是加快推进“绿色化”的主体内容和重点。当前，众多企业正面临着高耗能低效率带来的困窘局面。实现生产方式绿色化改革，向绿色要生产力，用绿色化提高企业活力和真实市场竞争力，不仅是企业不可推卸的职责，更是企业走出困境的必由之路。

绿色建造的内在特征要求建筑企业在技术、人才、制度上构建具备实现资源节约、环境友好、生态文明目标的绿色生产力体系。对于工程总承包企业，不仅要具有相应的绿色设计能力，而且能统筹考虑绿色设计、绿色建材、绿色工艺与绿色施工过程中的复杂要素，造就更多的具备绿色发展理念的管理和技术复合型人才。通过推进绿色建造过程的资源循环利用，打造建筑企业的绿色建造能力和绿色竞争能力，从而推动建筑企业从传统生产力转向现代绿色生产力。

10.2.6 绿色建造过程资源循环利用与实现碳达峰、碳中和目标相结合

2020年9月22日，国家主席习近平在第七十五届联合国大会一般性辩论上正式宣布：“中国将提高国家自主贡献力度，采取更加有力的政策和措施，二氧化碳排放力争于2030年前达到峰值，努力争取2060年前实现碳中和。”实现碳达峰、

碳中和目标，是以习近平同志为核心的党中央统筹国内国际两个大局作出的重大战略决策，是着力解决资源环境约束突出问题、实现中华民族永续发展的必然选择，是构建人类命运共同体的庄严承诺。2021年9月22日，中共中央、国务院印发《关于完整准确全面贯彻新发展理念做好碳达峰碳中和工作的意见》（中发〔2021〕36号，以下简称《意见》），就确保如期实现碳达峰、碳中和作出全面部署，充分彰显了我国推进绿色低碳转型和高质量发展的巨大勇气、坚定信心和空前力度，充分展现了我国积极参与和引领全球气候治理的大国担当。《意见》提出了要推进经济社会发展全面绿色转型、深度调整产业结构、加快构建清洁低碳安全高效能源体系、提升城乡建设绿色低碳发展质量、加强绿色低碳重大科技攻关和推广应用等一系列重要战略任务。党的二十大报告进一步强调要建设美丽中国，加快发展方式绿色转型，积极稳妥推进碳达峰、碳中和，协同推进降碳、减污、扩绿、增长，推进生态优先，绿色低碳发展。

对于建筑产业领域，为了顺利达成碳达峰、碳中和目标，务必要落实三项重点工作。一是推进城乡建设和管理模式低碳转型。在城乡规划建设管理各环节全面落实绿色低碳要求。推动城市组团式发展，建设城市生态和通风廊道，提升城市绿化水平。合理规划城镇建筑面积发展目标，严格管控高能耗公共建筑建设。实施工程建设全过程绿色建造，健全建筑拆除管理制度，杜绝大拆大建。加快推进绿色社区建设。结合实施乡村建设行动，推进县城和农村绿色低碳发展。二是大力发展节能低碳建筑。持续提高新建建筑节能标准，加快推进超低能耗、近零能耗、低碳建筑规模化发展。大力推进城镇既有建筑和市政基础设施节能改造，提升建筑节能低碳水平。逐步开展建筑能耗限额管理，推行建筑能效测评标识，开展建筑领域低碳发展绩效评估。全面推广绿色低碳建材，推动建筑材料循环利用，发展绿色农房。三是加快优化建筑用能结构。深化可再生能源建筑应用，加快推动建筑用能电气化和低碳化。开展建筑屋顶光伏行动，大幅提高建筑供暖、生活热水、炊事等电气化普及率。在北方城镇加快推进热电联产集中供暖，加快工业余热供暖规模化发展，积极稳妥推进核电余热供暖，因地制宜推进热泵、燃气、生物质能、地热能等清洁低碳供暖。

把碳达峰、碳中和目标分解到工程建设活动过程，依然要聚焦于资源节约和环境保护。同时，由于工程建设涉及业主、设计方、承包方、供应方、分包方等多方主体的技术和管理活动，因而各方主体都必须要承担着资源节约和环境保护的责任。虽然在工程项目全寿命期的不同阶段，各方主体的职责和作用大小有别，但资源节约和环境保护的总体目标是一致的。因此，要围绕资源节约和环境保护的要求，建立覆盖多方责任主体在内的系统的协同机制，特别是基于产业政策和技术体系集成，面向业务流程的资源统筹协同、专业协同、工序协同、供应链协同、运维服务协同的价值流程融合。通过多方主体的协同，提高资源循环利用效率，消解建筑垃圾，减少废弃物排放，不断推进碳达峰、碳中和目标的实现。

第 11 章 研究结论与不足

11.1 研究结论

11.1.1 本书研究的主要工作

（1）在文献综合研究和协同学、循环经济理论、工业生态学理论、绿色发展理论等基本理论分析的基础上，提出了建筑垃圾自消解处理的原理，论述了建筑垃圾自消解处理方式的可行性。构建了绿色建造系统、绿色建造过程资源循环利用系统。

（2）本书提出了绿色建造过程中建筑垃圾自消解原理，论述了建筑垃圾自消解处理方式的可行性。讨论了建筑垃圾资源化循环利用系统的组成和结构。建筑垃圾自消解处理方式是从材料设计开始就考虑垃圾的处理问题，可以做到材尽其用，大幅度减少资源浪费。

（3）基于系统动力学模型，分析比较建筑垃圾三种处理方式的差异，采用建筑垃圾自消解与资源化处理相结合的方式可以使生态环境污染损失减小，资源回收利用率大大提高。

（4）运用问卷调查筛选出绿色建造过程资源循环利用的主要影响因素，并运用结构解释模型法（ISM），剖析各因素间的关联性，建立各影响因素的层次结构，得出承包商资源循环利用效益、承包商绿色施工意识是绿色建造过程资源循环利用最直接、最基本的表象层影响因素；施工项目管理水平、承包商资源循环利用能力、建筑垃圾综合处置成本、业主方绿色意识、建筑设计方案、业主方治理结构、业主方能力、设计师业务能力、设计师绿色理念是中间层影响因素，是连接深层影响因素和直接影响因素的纽带；建筑技术水平、协同效率、外部制度是深层次的根源层影响因素，它们是绿色建造资源循环利用的外部因素，通过影响中间影响因素进而作用于绿色建造资源循环利用系统。

（5）结合层次分析法和集对分析法中的联系度，基于建筑垃圾自消解资源化循环利用系统构造系统序参量识别模型，从两个维度分析提炼出序参量。第一维度是面向表象层、中间层、根源层每一层次所包含的全部影响因素分别进行重要性定量识别，第二维度是对这三个层级的序参量进行重要性定量识别。最后识别出绿色建造过程资源循环利用系统的序参量集为{承包商资源循环利用效益、业主方能力、建筑设计方案、业主方绿色意识、施工项目管理水平、设计师绿色理念、外部制度、协同机制}，因为从第二维度分析得到根源层影响因素是关键因素，所以外部制度和协同机制是最终取得整个系统结构的控制权的影响因素，这个序参量是在绿色建造过程中，影响资源循环利用效率最慢的序参量。根据序参量作用机理，研讨了基于序参量的资源循环利用系统协同机制的逻辑关系、核心要素以及制度安排，绿色建造过程资源循环利用协同机制的运行和最终效果取决于政策协同、利益相关方协同（包含利益协同、责任协同）、技术协同（包含专业协同、时序协同、工艺协同）、价值链协同（包含资源协同、信息协同、供应链协同）等决定着系统协同效率的核心要素。

（6）提出建筑垃圾自消解过程协同策略的内涵和内容。协同策略是为了实现共同的目标，面向多个主体、多个阶段、多个影响因素采取的行动方案和措施。针对绿色建造过程资源循环利用系统中不同层级的影响因素，以及序参量在每层级系统中支配地位，结合我国的现状及存在问题，对每一层级提出针对性的对策。基于根源层序参量提出优化资源循环利用外部制度环境、加强资源循环利用利益相关者协同、健全技术支撑体系；基于中间层序参量提出加强绿色建造资源循环利用的宣传和推广、提高绿色建造资源循环利用实施能力、推动绿色建筑设计方案的垃圾零排放；基于表象层序参量提出控制绿色建造增量成本、实现绿色建造产品保值增值。

（7）根据建设主管部门相关政策和标准，讨论了基于建筑垃圾自消解原理的资源化利用技术集成体系架构，着重介绍了绿色立项策划技术、绿色设计技术、绿色材料技术、绿色施工技术。

（8）选取 CD 银泰中心项目、SZ 城铁 14 号线土建项目的工程实践进行案例讨论。根据 CD 银泰中心项目、SZ 城铁 14 号线土建项目建造过程中资源循环利用的实施效果，即系统有序协同、资源消耗减量与利用率提高、资源循环利用效益良好来验证协同策略的有效性。依据案例的结论，进而总结了绿色建造过程资源循环利用对建筑业高质量发展、构建循环经济体系、技术体系集成、多元化协同的启示。

（9）从方向要素、动力要素、基础要素、支撑要素、标杆要素的角度构建绿色建造过程资源循环利用的发展路径架构，阐述了政策引导是方向要素的路径特征，制度创新是动力要素的路径特征，技术突破是支撑要素的路径特征，标准规范是基础要素的路径特征，典型示范是标杆要素的路径特征。探讨了绿色建造过程资源循环利用的发展趋势，表现为绿色建造过程资源循环利用与发展循环经济相结合，与新型建筑工业化相结合，与智能建造相结合，与精益建造相结合，与提升建筑企业绿色生产力相结合，与实现碳达峰、碳中和目标相结合。

11.1.2 本研究的创新之处

（1）本书从绿色建造理论、价值链理论、循环经济理论、绿色发展理论、协同学、工业生态学视角，提出了绿色建造过程建筑垃圾自消解方式进行资源化循环利用的原理，基于系统动力学模型分析了建筑垃圾自消解方式的优越性，论证了建筑垃圾自消解的可行性。构建了绿色建造过程资源循环利用系统，涵盖建设项目立项、设计和施工阶段。研究绿色建造全过程的影响因素，避免了以往对资源循环利用影响因素研究多集中在施工过程，且侧重单个影响因素分析的不足。同时运用解释结构模型方法揭示了绿色建造全过程影响因素在表象层、中间层、根源层之间的层级结构、相互关系以及作用机理，拓展了绿色建造的研究范围。

（2）本书基于协同学序参量理论，针对绿色建造过程资源循环利用系统的特性，研究绿色建造过程资源循环利用系统中三个层级的序参量，阐述了基于序参量的绿色建造过程资源循环利用系统协同机制的逻辑关系、核心要素和制度安排。政策协同（包含条块政策协同、条条政策协同、块块政策协同），利益相关方协同（包含组织协同、责任协同、利益协同），技术协同（包含专业协同、时序协同、工艺协同），价值链协同（包含资源协同、信息协同、供应链协同）等核心要素决定着系统协同效率。

（3）本书提出了绿色建造过程资源循环利用协同策略的内涵。针对表象层因素、中间层因素、根源层因素采取相应的协同策略。组织结构形式创新可以实现多个行为主体之间协同，管理流程再造可以实现多项业务关系衔接的协同，技术集成可以实现多个工序过程的协同，项目管理系统平台可以实现建造过程各阶段的协同，构建目标利益共同体可以实现多维政策的协同。

（4）本书阐述了绿色建造过程建筑垃圾资源化循环利用发展路径五个维度的构成要素和路径特征。政策引导是方向要素的路径特征，制度创新是动力要素的路径特征，技术突破是支撑要素的路径特征，标准规范是基础要素的路径特征，典型示范是标杆要素的路径特征。

11.2 本书研究的不足

由于时间和资料的限制，本书存在以下不足之处：

（1）在进行绿色建造过程建筑垃圾资源化循环利用影响因素权重分析时，由于模型的限制，无法进行大样本分析，只收集了五位行业专家的评价意见，主观性强，对专家的专业素养和实践经验的要求高，降低序参量识别模型的精度。

（2）绿色建造过程建筑垃圾资源化循环利用系统序参量之间如何相互作用及其演变过程的规律，最终哪个序参量对系统起核心作用，只给出了逻辑上的推测，没有进行量化验证。

（3）对绿色建造过程建筑垃圾资源化循环利用协同机制核心要素之间的相互影响关系没有进行细致分析。

（4）对绿色建造过程建筑垃圾资源化循环利用技术集成体系的融合效果未曾展开讨论。

附录 A

绿色建造过程建筑垃圾自消解影响因素调查问卷

尊敬的专家：

您好！非常感谢您参与绿色建造过程建筑垃圾自消解影响因素的问卷调查。通过前期访谈调研和理论研究，我们总结出 19 个影响绿色建造过程建筑垃圾自消解的主要因素，并提出了各个因素的测度指标，现在需要您帮助我们对这些影响因素的重要性进行排序。您的意见对于我们的研究非常重要。此次调查的结果仅作为学术研究使用。感谢您在百忙之中给予的支持！

填表说明：评分采用的打分制，分值越高表示该影响因素的重要程度越高。请您用“√”勾画出对各个因素指标重要程度的判断。

一、指标的重要程度评价：

类别		编号	影响因素	分值				
内部条件因素	绿色策划阶段	1	业主方绿色意识	1	2	3	4	5
		2	业主方能力	1	2	3	4	5
		3	业主方治理结构	1	2	3	4	5
		4	供应商管理	1	2	3	4	5
	绿色设计阶段	5	建筑技术选择	1	2	3	4	5
		6	建筑设计方案	1	2	3	4	5
		7	材料使用规范	1	2	3	4	5
		8	设计师业务能力	1	2	3	4	5
		9	设计师绿色理念	1	2	3	4	5

续表

类别		编号	影响因素	分值				
内部条件因素	绿色施工阶段	10	承包商绿色施工意识	1	2	3	4	5
		11	施工项目管理水平	1	2	3	4	5
		12	承包商资源循环利用能力	1	2	3	4	5
		13	建筑材料管理	1	2	3	4	5
		14	承包商资源循环利用效益	1	2	3	4	5
		15	建筑垃圾综合处置成本	1	2	3	4	5
		16	建筑垃圾再生产品价值	1	2	3	4	5
外部环境因素		17	协同机制	1	2	3	4	5
		18	社会文化	1	2	3	4	5
		19	外部制度	1	2	3	4	5

二、您认为还有什么其他比较重要的影响因素吗？请分类列举（问卷未涉及的因素）________________

再次感谢您的支持与帮助，祝您身体健康、工作顺利！

附录 B

绿色建造过程建筑垃圾自消解影响因素之间关系调查问卷

尊敬的专家：

您好！非常感谢您参与绿色建造过程建筑垃圾自消解影响因素之间关系的问卷调查。本调查问卷目的在于通过您对绿色建造过程建筑垃圾自消解的了解，对绿色建造过程建筑垃圾自消解影响因素之间的相互影响关系进行评价打分。本问卷单纯用于学术研究，无须署名，不涉及其他目的，不对外公开，如需要求解结果请留下您的邮箱，待本人求出相应结果将发送到您的邮箱。感谢您在百忙之中给予的支持！

一、填表说明：

$$a_{ij} = \begin{cases} 0，Si \text{ 对 } Sj \text{ 没有直接影响} \\ 1，Si \text{ 对 } Sj \text{ 有直接影响} \end{cases}$$

类别	指标	指标代码
内部条件影响因素	业主方绿色意识	S1
	业主方能力	S2
	业主方治理结构	S3
	建筑技术水平	S4
	建筑设计方案	S5
	设计师业务能力	S6
	设计师绿色理念	S7
	承包商绿色施工意识	S8
	施工项目管理水平	S9
	承包商资源循环利用能力	S10
	承包商资源循环利用效益	S11
	建筑垃圾综合处置成本	S12
外部环境影响因素	协同机制	S13
	外部制度	S14

二、打分表

a_{ij}	S1	S2	S3	S4	S5	S6	S7	S8	S9	S10	S11	S12	S13	S14
S1														
S2														
S3														
S4														
S5														
S6														
S7														
S8														
S9														
S10														
S11														
S12														
S13														
S14														

附录 C

绿色建造过程资源循环利用系统
序参量相对重要性调查问卷

尊敬的专家：

您好！非常感谢您参与绿色建造过程资源循环利用系统序参量相对重要性评价的问卷调查。本调查问卷目的在于通过您对绿色建造过程资源循环利用的了解，对绿色建造过程资源循环利用系统的影响因素之间的比较重要性关系进行评价打分。本问卷单纯用于学术研究，无须署名，不涉及其他目的，不对外公开，如需要求解结果请留下您的邮箱，待本人求出相应结果将发送到您的邮箱。感谢您在百忙之中给予的支持！

一、填表说明：

备选序参量的评价标准　　表 1

比较含义	数值
两要素比较，具有相同重要性	1
两要素比较，前者比后者稍微重要	3
两要素比较，前者比后者明显重要	5
两要素比较，前者比后者强烈重要	7
两要素比较，前者比后者极端重要	9

注：当数值等于 2、4、6、8 时，表示相邻比较含义的中间值。

第一维度序参量指标含义　　表 2

类别	指标	指标代码
内部条件影响因素	业主方绿色意识	1
	业主方能力	2
	业主方治理结构	3

续表

类别	指标	指标代码
内部条件影响因素	建筑技术水平	4
	建筑设计方案	5
	设计师业务能力	6
	设计师绿色理念	7
	承包商绿色施工意识	8
	施工项目管理水平	9
	承包商资源循环利用能力	10
	承包商资源循环利用效益	11
	建筑垃圾综合处置成本	12
外部环境影响因素	协同机制	13
	外部制度	14

第二维度序参量指标含义　　表3

指标	指标代码
根源层影响因素	A
中间层影响因素	B
表象层影响因素	C

二、第一维度序参量打分表

a_{ij}	1	2	3	4	5	6	7	8	9	10	11	12	13	14
1														
2														
3														
4														
5														
6														
7														
8														
9														
10														
11														
12														
13														
14														

三、第二维度序参量打分表

a_{ij}	A	B	C
A			
B			
C			

参考文献

[1] Kibert C J. Sustainable Construction: Green Building Design and Delivery[M].John Wiley & Sones,1993.

[2] B. A. G. Bossink. Construction Waste: Quantification and Source Evaluation[J]. Journal of Construction Engineering and Management,1996,122(1).

[3] Vivian W.Y. Tam,C.M. Tam. Economic Comparison of Recycling Over−ordered Fresh Concrete: A Case Study Approach[J]. Resources, Conservation & Recycling,2006,52(2).

[4] Tae - Kyung Lim,Chang - Yong Yi,Dong - Eun Lee,David Arditi. Concurrent Construction Scheduling Simulation Algorithm[J]. Computer - Aided Civil and Infrastructure Engineering, 2014, 29(6).

[5] 陈兴华，王桂玲，苗冬梅，李丛笑．绿色建造的机遇、挑战与对策［J］．工程质量，2010，28（12）：5−7 + 24.

[6] 肖绪文，冯大阔．我国推进绿色建造的意义与策略［J］．施工技术，2013，42（07）：1−4.

[7] 肖绪文，冯大阔．建筑工程绿色建造技术发展方向探讨［J］．施工技术，2013，42（11）：8−10.

[8] 肖绪文，冯大阔．国内外绿色建造推进现状研究［J］．建筑技术开发，2015，42（02）：7−11.

[9] 尤完．建筑业发展循环经济探讨［J］．建筑经济，2005（01）：37−39.

[10] 戴世明，吕锡武，陆惠民．循环经济与绿色建造浅析［J］．建筑管理现代化，2006（02）：9−11.

[11] 刘沛．基于循环经济的建筑业可持续发展模式研究［D］．太原：太原科技大学，2009.

[12] 菅卿珍．绿色建筑产业链构建与运行机制研究［D］．天津：天津城建大学，2014.

[13] ICF Incorporated.Construction and Demolition Waste Landfills[R/OL].No. 68-W3-0008. https://nepis.epa.gov/Exe/ZyPURL.cgi?Dockey=9101Q651.txt.

[14] Isabelina Nahmens,Laura H. Ikuma. Effects of Lean Construction on Sustainability of Modular Homebuilding[J]. Journal of Architectural Engineering,2012,18(2).

[15] Ritu Ahuja,Anil Sawhney,Mohammed Arif. Driving lean and green project outcomes using BIM: A qualitative comparative analysis[J]. International Journal of Sustainable Built Environment,2017,6(1).

[16] W L Lai,C S Poon. Applications of Nondestructive Evaluation Techniques in Concrete Inspection[J]. HKIE Transactions,2012,19(4).

[17] Zeedan S R . Utilizing New Binder Materials for Green Building has Zero Waste by Recycling Slag and Sewage Sludge Ash[J]. the Tenth International Conference for Enhanced Building Operations, Kuwait, October 26-28, 2010.

[18] Asokan Pappu,Mohini Saxena,Shyam R. Asolekar. Solid wastes generation in India and their recycling potential in building materials[J]. Building and Environment,2006,42(6).

[19] 李大华，段宗志. 建筑垃圾处理与循环经济 [J]. 基建优化，2006（06）：34-37.

[20] 胡斌，田力琼. 基于循环经济理论的建筑垃圾处理研究 [J]. 特区经济，2008（10）：298-299.

[21] 杨卫军. 基于循环经济理论的建筑垃圾资源化研究 [D]. 长沙：中南大学，2010.

[22] 张金利，姚伟龙. 基于循环经济理论的北京市建筑固体废物再利用模式研究 [J]. 中国软科学，2010（04）：88-93.

[23] 佟勇. 基于工业生态学的建筑垃圾治理模式 [J]. 建筑技术，2015，46（01）：86-88. DOI:10.13731/j.issn.1000-4726.2015.01.023.

[24] 熊枫，刘国涛，李乐继. 重庆市建筑垃圾资源化利用现状与对策 [J]. 江西建材，2016（01）：293.

[25] 蒋红妍，邵炜星，吴辉，李劼. 建筑垃圾的源头减量化施工模式及其应用 [J]. 价值工程，2012，31（16）：49-50. DOI:10.14018/j.cnki.cn13-1085/n.2012.16.238.

[26] 吴玉娟. 建筑垃圾源头减量化绿色施工模式研究 [J]. 城市建设理论研究（电子版），2013，000（019）：1-3.

[27] 肖绪文，冯大阔，田伟. 我国建筑垃圾回收利用现状及建议 [J]. 施工技术，2015，44（10）：6-8.

[28] 魏园方，叶少帅，周意坤. 施工现场建筑垃圾的回收再利用探索 [J]. 建筑施工，2015，37（07）：870-871. DOI：10. 14144/j. cnki. jzsg. 2015. 07. 036.

[29] 段海萍. 绿色经济理念下的建筑垃圾处理探究 [J]. 建筑工程技术与设计，2017，（28）：1983-1983.

[30] 卞家鑫. 基于绿色经济理念下的建筑垃圾处理研究 [J]. 城镇建设, 2019, (10): 48.

[31] 屈慧珍, 杨燕虎, 刘袁, 姚康江, 张紫婷. 绿色施工理念下的建筑垃圾治理研究 [J]. 河南科技, 2020 (11): 83–85.

[32] 荣玥芳, 张新月, 张典, 孙晓鲲. 基于绿色发展理念的建筑垃圾源头减量规划研究 [J]. 北京建筑大学学报, 2022, 38 (01): 9–17. DOI:10.19740/j.2096–9872.2022.01.02.

[33] C. Karkanias,S.N. Boemi,A.M. Papadopoulos,T.D. Tsoutsos,A. Karagiannidis. Energy efficiency in the Hellenic building sector: An assessment of the restrictions and perspectives of the market [J]. Energy Policy, 2010,38 (6): p. 2776–2784.

[34] Yuan Q M, Cui D J, Jiang W. Study on Evaluation Methods of The Social Cost of Green Building Projects [J]. Advances in Industrial Engineering, Information and Water Resources, 2013(80): 11.

[35] Shahin Mokhlesian,Magnus Holmén. Business model changes and green construction processes [J]. Construction Management and Economics, 2012, 30 (9).

[36] Hyoun–Seung Jang, Seok–In Choi,Woo–Young Kim,Chul–Ki Chang. Strategic Selection of Green Construction Products [J]. KSCE journal of civil engineering, 2012, 16 (7).

[37] 竹隰生, 王冰松. 我国绿色施工的实施现状及推广对策 [J]. 重庆建筑大学学报, 2005 (01): 97–100.

[38] 张巍, 吕鹏, 王英. 影响绿色建筑推广的因素: 来自建筑业的实证研究 [J]. 建筑经济, 2008 (02): 26–30. .

[39] 李惠玲, 李军, 钟钦. 新视角下的我国建筑工程绿色施工对策 [J]. 沈阳建筑大学学报 (社会科学版), 2011, 13 (03): 307–310.

[40] 张谊. 绿色施工实施现状与对策分析 [J]. 山西建筑, 2013, 39 (29): 237–238. DOI:10.13719/j.cnki.cn14–1279/tu.2013.29.125.

[41] 刘戈, 冯双喜, 冯蕤. 天津市绿色施工现状评价及影响因素分析 [J]. 天津城建大学学报, 2014, 20 (02): 114–118.

[42] 石世英, 胡鸣明, 张建设. 建筑垃圾资源化综合效益评估的压力 – 状态 – 回应模型 [J]. 工程研究 – 跨学科视野中的工程, 2017, 9 (06): 616–627.

[43] 王祥云, 尤完. 绿色建造过程中资源循环利用的影响因素及对策 [J]. 建筑经济, 2017, 38 (03): 99–104.

[44] 王武祥. 建筑垃圾的循环利用 [J]. 建材工业信息, 2005 (03): 23–26.

[45] 李颖, 郑胤, 陈家珑. 北京市建筑垃圾资源化利用政策研究 [J]. 建筑科学, 2008 (10): 4–7 + 10.

[46] 孙丽蕊，陈家珑．欧洲建筑垃圾资源化利用现状及效益分析［J］．建筑技术，2012，43（07）：598–600.

[47] 盛晓薇．绿色北京建设中废弃物循环利用探究［D］．北京林业大学，2011.

[48] 莫天柱，杨元华．“绿色建筑适宜技术体系集成与示范”研究［J］．建设科技，2014（16）：40–42．DOI:10.16116/j.cnki.jskj.2014.16.053.

[49] 李琰，张淳劼．高档办公楼绿色建造技术的研究与示范［J］．建筑施工，2015，37（09）：1122–1125．DOI:10.14144/j.cnki.jzsg.2015.09.036.

[50] 李明华．浅析现代生态建筑设计的原则及方法［J］．城市建设理论研究（电子版），2013（6）.

[51] 时颖，杜菲，钟丽华，王云雷．基于全过程管理的建筑垃圾资源化模式研究［J］．河北建筑工程学院学报，2017，35（02）：107–111.

[52] H. 哈肯．协同学［M］．北京：原子能出版社，1984.

[53] 许庆瑞．全面创新管理——理论与实践［M］．北京：科学出版社，2007：26–28.

[54] 齐建国，尤完，杨涛．现代循环经济理论与运行机制［M］．北京：新华出版社，2006：113–123.

[55] 冯之浚．循环经济导论［M］．北京：人民出版社，2004：13–15.

[56] 王兆华，尹建华，武春友．生态工业园中的生态产业链结构模型研究［J］．中国软科学，2003（10）：149–152 + 148.

[57] 邱伟．建筑施工水资源利用与节水措施［J］．价值工程，2013，32（28）：141–143．DOI:10.14018/j.cnki.cn13–1085/n.2013.28.007.

[58] 蒿奕颖，康健．从中英比较调查看我国建筑垃圾减量化设计的现状及潜力［J］．建筑科学，2010，26（06）：4–9．DOI:10.13614/j.cnki.11–1962/tu.2010.06.001.

[59] 毕贵红，王华．城市固体废物管理源头政策调控系统动力学模型［J］．环境工程学报，2008（08）：1103–1109.

[60] 侯燕，王华，毕贵红．考虑源头减量的城市生活垃圾管理系统动力学研究［J］．环境科学与管理，2007（11）：1–6.

[61] 蔡林．北京市垃圾问题的系统动力学模拟分析［J］．北京社会科学，2006（03）：56–61．DOI:10.13262/j.bjsshkxy.bjshkx.2006.03.030.

[62] 林子健，路良刚，李金平，陈飞鹏．基于人口模型的澳门固体垃圾产生量的初步模拟［J］．环境科学与管理，2008（10）：67–71.

[63] 刘俊颖，何溪．房地产企业开发绿色建筑项目的影响因素［J］．国际经济合作，2011（03）：82–85.

[64] 王家远，李政道，王西福．设计阶段建筑废弃物减量化影响因素调查分析［J］．工程管理学报，2012，26（04）：27–31.

[65] 梁井平．低碳视野下的绿色施工控制要点与影响因素［J］．绿色科技，2013（06）：

296－297.
[66] 虞蓉．绿色施工影响因素研究 [J]．中国招标，2010 (32)：33－39.
[67] 石世英．拆除建筑垃圾资源化影响因素分析 [J]．环境卫生工程，2013，21 (01)：13－15.
[68] 齐丹丹，胡鸣明，石世英．建筑垃圾资源化关键成功因素分析 [J]．建筑技术，2012，43 (07)：601－604.
[69] 周德群，贺峥光．系统工程概论 (第三版) [M]．北京：科学出版社，2017.
[70] 赵克勤．集对分析及其初步应用 [M]．杭州：浙江科学技术出版社，2000.
[71] 吴义生，欧邦才，卢冰原．面向网购的低碳供应链的序参量识别模型及其应用 [J]．生态经济，2016，32 (03)：64－69 + 74.
[72] 吴建军，蔡垚，刘正江．综合安全评估中指标权重的集对分析 [J]．中国航海，2010，(03)：60－63.
[73] 迈克尔 · 波特．竞争优势 [M]，华夏出版社，2004，40.
[74] 林保尼．重庆市绿色建筑推广的制约因素及对策研究 [D]．重庆大学，2016.
[75] 李强．如何推动绿色建筑设计方案 [J]．四川水泥，2016 (04)：102.
[76] 毛志兵．建筑工程新型建造方式 [M]．北京：中国建筑工业出版社，2018：31－33.
[77] 住房和城乡建设部．绿色建造技术导则 (试行) [J]．建筑监督检测与造价，2021，14 (02)：4－9 + 11.
[78] You Wan,Xiao Xuwen. Study on Development Situation and Prospects for Green Construction[C]. 2015 年建设与房地产管理国际学术研讨会论文集，2015.8.11：272－281.
[79] 赵金煜，尤完．基于 BIM 的工程项目精益建造管理研究 [J]．项目管理技术，2015 (4)：65－68.
[80] 卢彬彬，郭中华．中国建筑业高质量发展研究——现状、问题与未来 [M]．北京：中国建筑工业出版社．2021.
[81] 尤完．建设工程项目精益建造理论与应用研究 [M]．北京：中国建筑工业出版社．2018.
[82] 郭中华，姜卉，尤完．建筑施工安全生产监管模式的事故作用机理及有效性评价 [J]．公共管理学报，2021．(10)：63－77.
[83] 尤完，赵金煜，郭中华．现代工程项目危险管理 [M]．北京：中国建筑工业出版社．2021.
[84] 吴涛．建筑产业现代化背景下新型建造方式与项目管理创新研究 [M]．北京：中国建筑工业出版社．2018.